昭和期放送メディア論

女性向け教養番組における「花」の系譜

辻　泰明 著
Yasuaki Tsuji

Studies of Broadcast Media in Showa Era:
Genealogy of "Flower" in Cultural Programs for Women

和泉書院

はじめに

放送メディアの幕開けと一人の女性

東京都港区に、愛宕山という標高25メートルあまりの小さな山がある。かつては、その頂きから東京市街を一望できる場所だった。昭和の幕開けを1年足らず後に控えた1926（大正15）年1月14日、この山の頂きをめざして歩む一人の女性がいた。「婦人記者の草分けとして名声があった」[1] 大澤豊子（おおさわとよこ）である。大澤は、1873（明治6）年、明治維新による激動のさなかに生まれた。没落した士族の娘だった大澤は、一家の生計を支えるため苦学の末、1899（明治32）年「時事新報社に速記の手腕をかわれて入社」[2] した。その時の思いを大澤は次のように記している。

> 役に立たぬと云つて出されたら凡（すべ）ての女の顔が潰れる。世人に合はせる面（かほ）は無い、更に万一何かの失敗をしたらモウ生きては居られない、生命に賭けても成効（ママ）しなければならない（中略）
> 家庭内の副業以外、外に出て婦人の働く場所とては、知的方面には学校の先生、労働方面には印刷局の女工位しかなかつた時代なのですから……[3]

男性記者の好奇の視線にさらされながら女性記者として働いた大澤は、その苦労の数々を手記に綴っている。25年に及ぶ記者生活の後、時事新報を退社した時、誕生したばかりの新しいメディアが大澤をプロデューサーとして招聘した。それが、当時、愛宕山の頂きに新たな局舎を建設したばかりの東京放送局だった。前年3月から、日本でのラジオ仮放送が始まり、7月からこの地で本放送がおこなわれていたのだ。

愛宕山の急峻な参道は「出世の石段」として知られている。その日、大澤が登ったのは、出世の石段ではなく、新坂と呼ばれる別の道であったと考えられる。前年の7月、新坂が舗装され、自動車道として頂上の放送局まで延長されていた[4]からである。大澤が、新坂を自動車に乗っていったのか徒歩だったのかは判然としない。しかし、「初期の山は、今の局から見ると嘘みたいにガランとして（中略）寂しい山[5]」だったというから、放送局へ至る道にも他に人影は無く、大澤の胸中には、それまでの人生と同様、「われ一人、荒野を行く」に似た思いが去来していたことだろう。

山頂には、2階建て（一部3階）の放送局[6]があり、両側に送信アンテナの鉄塔が屹立していた。大澤が訪ねた1926年1月14日は、午前に『料理献立』と『家庭講座』、午後は『曽我物語　第七席』、夜は『童話』、『講演』、『義太夫』などを放送している。

この初めての出局の日に、大澤は、放送部長の服部愿夫（よし）から次のようにいわれたと記している。

> 我々男子には婦人や家庭のことは全く解らない。全部をあなたにお任せするから、どうぞいゝやうに時間もモッと殖（ふや）し、社会教育家庭向上に放送の使命を遺憾なく発揮するやう奮闘して戴きたい[7]、

放送部長の言葉に感激した大澤は「全力を此仕事に尽してやって見ようと奮起した[8]」という。

この時が、日本における女性向け教養番組が本格的な編成に向けて始動した時であった。以後、昭和期の放送が持つ著しい特徴である、「家庭にいる女性の重視」と「文化の伝播」がそれまでよりも的確に編成に反映し

始めるのである。

女性向け教養番組による文化の機会均等

日本でラジオ放送が始まったのは、大澤が愛宕山に登る前年、すなわち1925（大正14）年3月22日のことである。その当時は、まだ放送局は愛宕山ではなく、芝浦の東京高等工芸学校に置かれており、仮放送と呼称されていた。この日、総裁後藤新平は、その挨拶で「放送事業の職能は少くも之を四ツの方面から考察することが出来[9]」ると述べ、その「第一は文化の機会均等[10]」であるとした。「御主人は外に於て諸種の文化的利益を享けつゝある間に、家にある者は文明の落伍者たる場合がありました。（中略）我がラヂオは、都鄙と老幼男女と各階級相互との障壁区別を撤して、恰も空気と光線との如く、あらゆる物に向つて其の電波の恩を均等に且つ普遍的に提供する[11]」というのである。

翌日、『東京朝日新聞』の紙面に、「『女の為めのラヂオ』　東京放送局」という見出しが踊った。そして、「後藤総裁はきん然として放送器の前に立ちグツと反身（そりみ）で声さわやかに『従来男子は外に出て活動してゐる為に多くの機会に凡（すべ）ての文化を受けて来たが、家庭にとり残された女性はいつも文化に遅れなければならなかった。然（しか）るに之（これ）からはラヂオの力に依つて皆（み）んなが共通に文化の恩沢に浴する事が出来る様になつたのである』と云つた意味の祝辞をのべ[12]（後略）」たという記事が掲載された。

後藤がいう「家にある者」とは、「家庭にいる女性」を指していた。大澤が東京放送局に招聘されたのは、この「家庭にいる女性」への「文化の機会均等」という職能を果たすべく設置された、女性向け教養番組制作のためだったのである。

後藤が掲げた「文化の機会均等」という職能を発揮させるために、ラジオ放送の開始直後から講座や講演などと呼ばれた番組群が編成された。『日本放送史』は、「『講座』という名称は、放送開始以前から、すでに出版物や集会などで盛んに使われて[13]」いたと記した上で、講座番組を教養番組として類別[14]している。こうした講座番組の設置は、東京放送局に続いて開局した大阪放送局および名古屋放送局においても同様であった。

大澤が赴任した時点で、東京放送局では、既に、実用情報の提供や文化の伝播を旨とする『家庭講座』という女性向け教養番組の放送枠（定曜定時に編成され、定められた形式と分野の中でさまざまな主題が採り上げられる「枠」としての番組）が設けられていた。大澤はこの『家庭講座』の放送時間帯を家庭にいる女性の実情にあわせて変更するという改革をおこない、更に、女性向け教養番組の放送枠を拡充して、社会や政治に関する問題の啓蒙を旨とした『婦人講座』や高度な専門知識の講義を旨とした『家庭大学講座』を新設した。以後、女性向け教養番組は、日本における放送の進展と歩調をあわせて消長を繰り返していく。戦時期には、家庭生活のすべてを戦争に振り向ける目的で設置された『戦時家庭の時間』、占領下では、「女性解放」という理念を放送によって伝播する目的を担った『婦人の時間』、そして、日本経済の復興とともに家庭生活の向上を図る目的で設置された『女性教室』やテレビの発展に呼応した女性視聴者層への訴求を目的として設置された『婦人百科』など、さまざまな放送枠がそれぞれの時代を象徴する存在として現れた。

そのうち、実用情報の提供や文化の伝播を旨とする放送枠は、戦前には主に『家庭講座』、戦後のラジオ時代には主に『女性教室』、そしてテレビ時代には主に『婦人百科』と移り変わった。

これらの放送枠において採り上げられた主題には、大きく分けて、裁縫（洋裁・和裁）や料理などの実用技術と「花[15]」（花を活ける文化・いけばな）や「茶」（茶を点てる文化・茶の湯）などの日本文化があった。

「日本では生活と芸術が一体であり、また一体になろうとするところに日本の生活文化が成立する[16]」といわれる。そうした「生活文化」としての「花」や「茶」が、これらの放送枠で伝播された文化だった。特に「花」は「生活の様式でありながら芸術の様式でもあるような両棲類的な[17]」性格を有し、実践の中にその真価が発揮されるものであることから、放送の開始当初から実用情報の提供と文化の伝播を旨とする放送枠の主題として採り上げられた。

「花」と放送メディアの発展

本書は、女性向け教養番組のうち文化の伝播を旨とした放送枠を、記述の主たる対象とするが、その具体的事例として「花」に着目する。

放送が普及する過程で、昭和期の「花」はさまざまな変化を遂げ、放送メディアはその変化に寄り添いつつ、最盛期には年間50本近くに及ぶ番組を制作し、放送した。そして、女性向け教養番組には辣腕（らつわん）の女性プロデューサーが任命され、「花」を主題とする講座には傑出した女性出演者（華道家）が登場した。女性向け教養番組における「花」を主題とする講座は、昭和期放送メディアの特性である「女性」と「教養」を具現化した存在なのである（以下、本書では、「花」を主題とする講座についても、各節の表題などにおいては「花」と略記する場合があることをお含みおきいただきたい）。

大澤が東京放送局に入局した後、放送メディアは急速に発展した。ラジオは、ベルリンオリンピック（第11回夏季オリンピック）の中継、玉音放送（天皇の録音盤により戦争の終結を告げた放送）、街頭録音などの実績を残しながら普及を続け、1958（昭和33）年度末には普及率が81.3%

に達する。[18] 1953（昭和28）年2月1日には、テレビ放送が開始され、皇太子ご成婚の報道、東京オリンピック（第18回夏季オリンピック）の中継などを通じて急速に普及した。カラーテレビの普及率は、1975（昭和50）年に90％を突破、1984（昭和59）年に99.2％に達し、その後99％前後で推移して現在に至っている。[19]

本書の目的と位置付け

「放送は電波の持つ特性を生かし、大量の受信者層を対象に、情報の提供、知識・経験の伝達、視野の拡大、意見や態度の形成などに大きな役割を果たし」[20]たといわれる。日本における放送メディアは、今日に至るまで90年以上の時を刻んでいる。インターネットが新たなメディアとして台頭した現在、放送の遺産を歴史上のものとして、その事蹟を実証的にとらえ、その特性を明確にすることが、コミュニケーションと伝播の問題を考える上で、今まさしく必要とされている。新たなメディアを適切に利用するためには、その特性が旧来のメディアとどのように異なるのかを的確に把握する必要があり、その前提として旧来のメディア、すなわち放送についても、その特性を的確に把握する必要が生じるからである。

とはいえ、この小著で昭和期放送メディアの歴史を詳述することは、もとより不可能である。また、日本における放送の歩みについては、既に『日本放送史』や『放送五十年史』といった浩瀚（こうかん）な書物が詳細に記している。これらのうち、先に発行された『日本放送史』が膨大な史料を掲載した記録集としての性格が強かったことを踏まえて、その後に発行された『放送五十年史』は事象を経時的に叙述する歴史書として編まれている。『放送五十年史』の発行当時、「『放送の公共性』というテーマの理解・解釈・運用がどう変ったか、編成思想の流れに影響を与えた要因としてはどんなものがあったか、放送と他メディアの相互関係（依存・連動）はどう変容したか、という問題意識に適確にこたえる」ためには、「領域別専門史や側面史」の研究成果が必要だという主旨の批評[21)]がなされた。以来、40年以上の年月が経過したが、放送史を通観しつつ一次資料に基づいて事例を検証する研究はまだ多くおこなわれていない。

本書は、女性向け教養番組における「花」を主題とする講座に関する一次資料を調査し、その系譜をたどることによって、女性視聴者層への文化伝播の様相を、具体的事例に基づいて解明することを目的とする。「領域別専門史」として女性向け教養番組を、また「側面史」として女性向け教養番組と「花」との関係を扱うことによって、日本の放送が出発時に目的とした「文化の機会均等」という「公共性」の変遷、社会情勢の変動が及ぼした編成への影響、放送と出版など他メディアの連携などを考察し、昭和期放送メディアの特性を露わにすることをめざす。

本書では、昭和期の放送メディアを通史として概観しつつ、その流れの中に、女性向け教養番組と「花」を位置づけて考察するため、昭和期放送の各時期に関する章の冒頭に、概説として、その時期における放送メディアと女性向け教養番組を展望する節を設けた。また、それらの章の末尾には、「領域別専門史」と「側面史」としての性格を補強するために、女性向け教養番組と「花」にまつわる人びとのエピソードをコラムとして掲載した。また、巻頭に、（1）「ラジオ草創期」から「ラジオからテレビへの転換期」までの主な女性向け教養番組、（2）「テレビ発展期」から「テレビ変化期」までの主な女性向け教養番組、（3）女性向け教養番組における「花」を主題とする講座の類型と変遷についての系譜を、それぞれ図として掲げ、読者の便に供した。随時、参照しつつ読み進めていただければ幸いである。

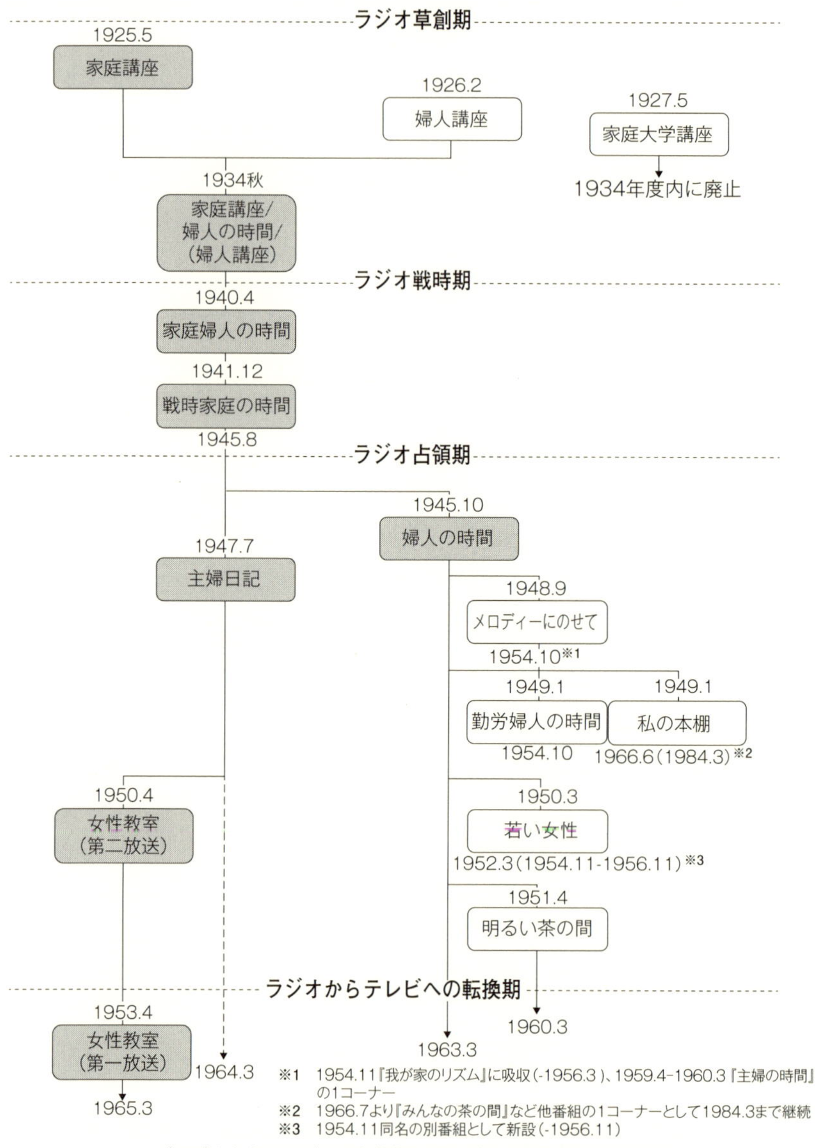

巻頭図1 「ラジオ草創期」から「ラジオからテレビへの転換期」までの主な女性向け教養番組

薄網は「花」を主題とする講座が編成された放送枠を示す。放送枠名上の数字は放送開始年月、下の数字は放送終了年月。ただし、放送枠を継承している場合は、開始年月のみ記載。

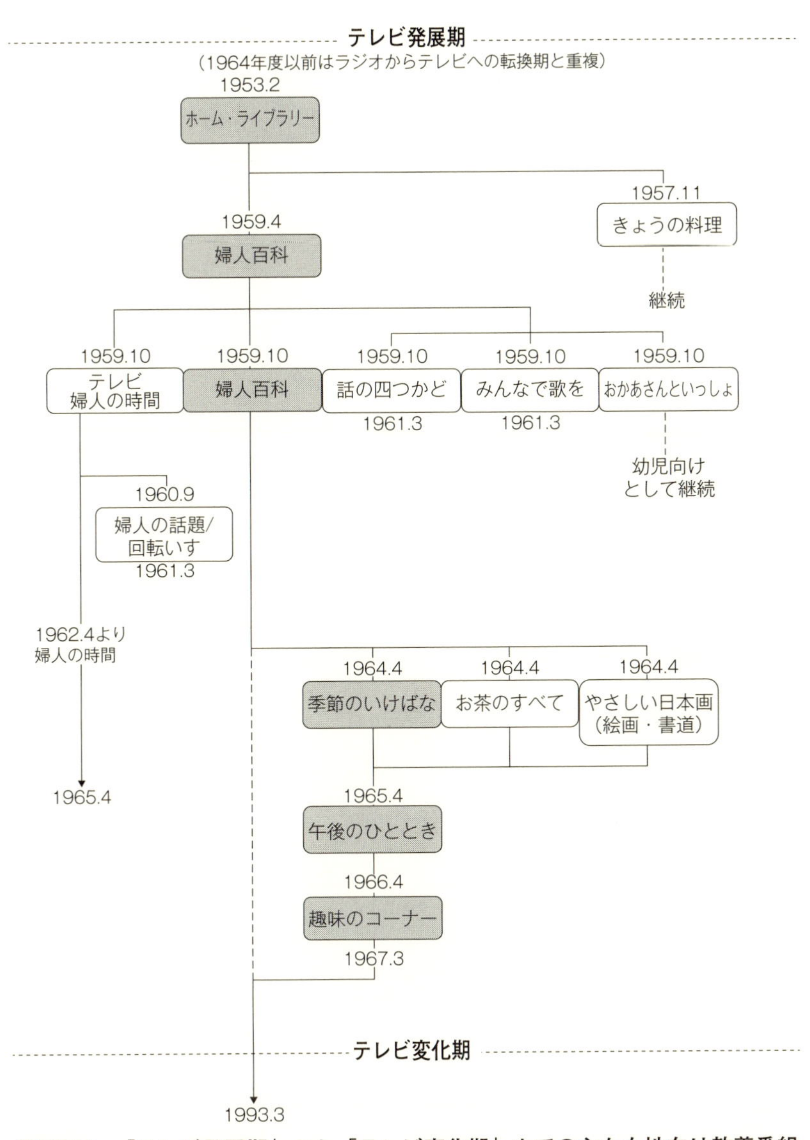

巻頭図2　「テレビ発展期」から「テレビ変化期」までの主な女性向け教養番組

薄網は「花」を主題とする講座が編成された放送枠を示す。放送枠名上の数字は放送開始年月、下の数字は放送終了年月。ただし、放送枠を継承している場合は、開始年月のみ記載。

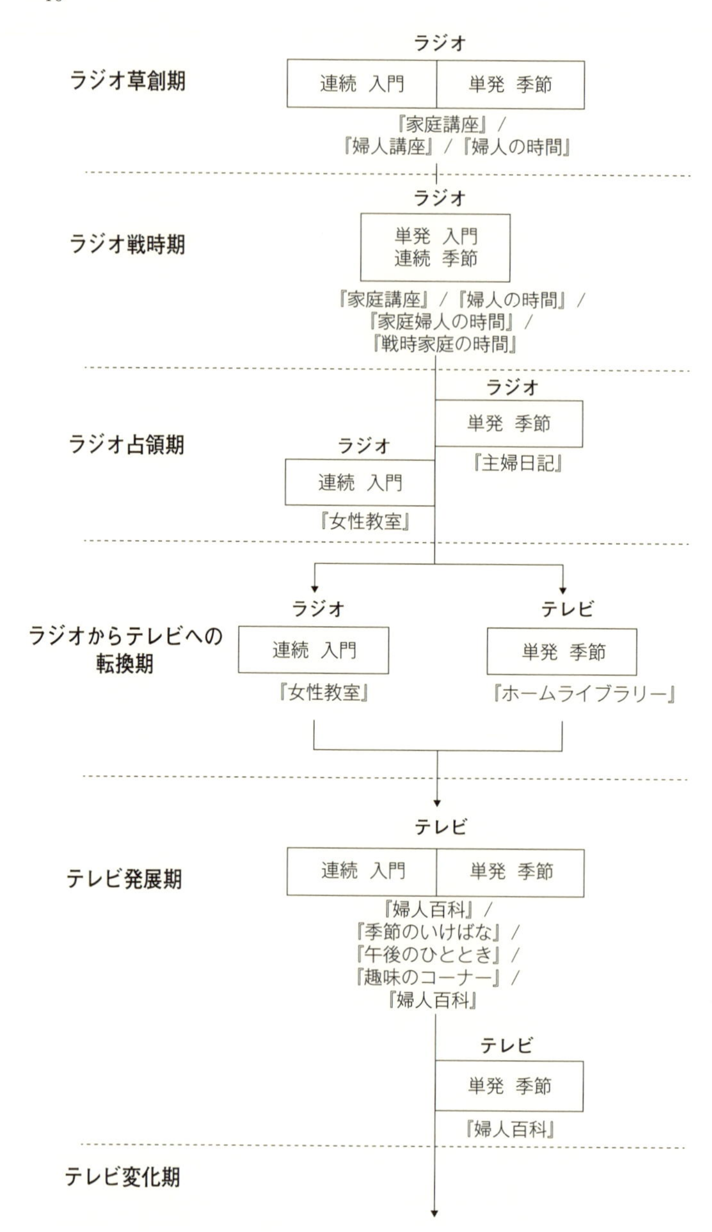

巻頭図 3　女性向け教養番組における「花」を主題とする講座の類型と変遷

目　次

第3章 ラジオ戦時期および占領期の女性向け教養番組と「花」

第4章 ラジオからテレビへの転換期における女性向け教養番組と「花」

第5章 テレビ発展期の女性向け教養番組と「花」

第6章　テレビ変化期の女性向け教養番組と「花」

昭和期の女性向け教養番組における、「花」を主題とする講座の一覧表を和泉書院ホームページに掲載。

凡例

1　引用文について。

・新字体を原則とし、人名他の固有名詞については旧字体とした箇所もある。

・仮名遣いは資料により歴史的仮名遣いを残した。

2　難読と思われる箇所に振り仮名を付したが、資料中においても同様におこなった。

昭和期の女性向け教養番組と「花」

1.1「教養」の多義性と女性向け教養番組の領域

教養番組とは何か

「教養」とは、進藤（1973）が指摘するように「とらえることが容易にできないことば[22]」であり、岩永（1999）も「今日わが国で日常的に用いられる『教養』という概念は、きわめて曖昧[23]」であるとしている。教養という語を冠した「教養番組」についても、その語義は曖昧であるといえる。

放送法での定義は、まず教育番組を「学校教育又は社会教育のための放送の放送番組をいう[24]」とし、次に教養番組を「教育番組以外の放送番組であつて、国民の一般的教養の向上を直接の目的とするものをいう[25]」としている。放送法において「教養、教育、報道、娯楽」という4種別が示されたのは、1959（昭和34）年の改正にともなってのことという[26]が、教養番組の定義にある「一般的教養」が具体的に何を指すのかは示されていない。

1964（昭和39）年発行の『放送研究入門』では、放送法の定義よりも詳しく、教育番組を「正規の学校教育の延長ないしはその補足としての意味をもち、意識的な学習を目的とするような番組[27]」とし、教養番組を「それ以外の広く一般的な教養の涵養あるいは修養に資するための番組、いわばむしろ無意識的な学習に役立つような番組[28]」としている。しかし、同書は、「教養番組の内容は極めて多様であると同時に、著る（ママ）しく曖昧な存在である[29]」ともしている。そして、「一般に教養番組と目されている典型的な番組を指摘することは可能であり、NHKの分類に従えば、婦人番組、農業番組、宗教番組、社会教養番組などをこれに含めることができる[30]」とした上で、「しかしながら、極端ないい方をするならば、娯楽番組を含めてあらゆる番組が、人々がなんらかの形で自分の教養に資するものを読み取る限りにおいて、すべて教養番組といい得ないことはないかも知れない[31]」と、その定義の曖昧さを繰り返し指摘している。

教養番組が放送番組の分類として示されるようになったのは、1927（昭和2）年12月から[32]のことという。『日本放送史』は、この時点での教養番組を「情報の伝達、娯楽の提供のそれぞれを目的とする報道・慰安に対し、いわゆる教育的なもの、知識の啓発に資するもの、実用・実利を主体とするものなど[33]」と定義している。ここでは、教養番組には、「教育的」と「知識の啓発」という類別に加えて「実用・実利」という類別もあることが示されている。進藤（1973）が指摘する[34]ように、「実用」は「教養」と対比して用いられることも多い語であるにも関わらず、草創期の放送における教養番組は、教育、知識に加え実用も含む、幅広い概念だったことになる。

放送メディアにおいて用いられる「教養」という語は、このように多義性を有し、その輪郭は曖昧である。

女性向け教養番組の規定

一方、「教養」という語が放送で用いられるようになったのは1926年11月19日放送の『婦人講座』から[35]とされる。このことにも、ラジオ草創期において「教養」と「女性」が結びつけられていたことが窺える。

斉藤（1975）は、家庭にいる女性を「家庭婦人」とした上で「聴視率調査でいう家庭婦人とは、文字どおり家庭にいる婦人のことで、（1）定職を持っていないこと（2）主として家事を行っていること、の二条件をあわせ備えている人のこと[36]」と定義している。そして、1975年6月のテレビ視聴時間量の調査において、「夕方の4時30分から6時30分までと深夜の11時30分以降を除く全時間帯で、家庭婦人が1位を占め、最大の視聴者層になっている[37]」と記している。また、「どんな番組の充実を期待するか、娯楽番組か報道番組か教育・教養番組かを聞いてみると（中略）教育・教養番組の充実期待が国民平均よりやや高く（中略）家庭婦人は、潜在的に他の層よりテレビに対して教育・教養志向を持っているといえるだろう[38]」と考察している。

神山ら（1974）は、女性向け教養番組『婦人百科』を含む講座番組の利用実態調査についての報告において、個々の番組の視聴率は、報道番組や娯楽番組に「とうてい太刀打ちできるものではない」としながらも「しかし、講座番組トータルでみると、（中略）少なくとも成人の５人に１人がなんらかの形で、これに接触した経験をもつという事実は、決して無視できない重みをもっている[39]」と述べている。昭和期の教養番組は、視聴率はともかく、放送時間量では報道番組や娯楽番組に劣るものではなかった。時には時間量で両者を凌駕し、放送の主軸ともなったのである。

女性を対象とした教養番組は、放送用語では「婦人番組」と呼称され、しばしば教養番組群の中核となった。たとえば、ラジオの全盛期においては、一時期、「９番組１週間 17 時間余の婦人番組[40]」が編成された。また、たとえば、テレビの草創期には、「最大の“おとくいさま[41]”」として想定された家庭にいる女性に向けて、次々に新たな放送枠が編成され、テレビ放送時間の伸張を支える役割を果たした。そして、高度成長期においてもなお、女性向け教養番組（「婦人番組」）は、「典型的に教養番組と考えられているもの[42]」であり続けたのである。

本書では、「教養」の多義性を認めつつも、対象領域を明確にするために、各年度の『年鑑[43]』において、教養番組[44]として類別された放送枠のうち「婦人家庭向け」や「婦人向け」の項に記載された番組（放送枠）群を「女性向け教養番組」として扱う。放送の用語としては、女性を対象聴取者ないし視聴者とした番組に対しては、「婦人家庭向け放送」、「家庭婦人への放送」、「婦人向け放送」、「婦人放送」などの語が用いられ、その番組内容を説明する際には、「女性」という語も用いられた。本書では、これらの語を包括するものとして「女性向け教養番組」という語を用いる。具体的な放送枠は、巻末に付表として掲載したので、ご参照いただきたい。

1.2「花」の系譜をたどる方法

対象資料と分析手法

「はじめに」の章で述べたように、本書は、「女性向け教養番組」で採り上げられた題材のうち、「花」を主題とする講座を主たる事例として、調査と分析をおこなう。そして、その編成の実績を調査する対象としては、各年度[45]の『番組確定表』を基礎資料とする。

『番組確定表』は「番組の公式記録[46]」であり、長廣（ながひろ）（2004）は、『番組確定表』を「NHK の放送を、記録の上からたどることができる唯一の第一次資料[47]」と評している。そこには、放送が確定した番組の放送枠（番組）名、副題、出演者などが放送時刻順に記録され、変更も追記されている。

『番組確定表』は、制作担当者が、番組の放送日時と曜日、放送波、番組名、副題、出演者などの番組情報を記して編成担当者に送付する『番組通知票』を元に作成される。このことから、『番組確定表』は、制作担当者の番組への意図が端的に反映された資料であるといえる[48]。

この『番組確定表』に記された放送実績に対し、本書は、放送本数の年度ごと推移、放送内容に関する連続性の有無とその程度、番組副題の内容、出演者構成の流派比率あるいは男女比率の対比などを分析し、考察をおこなう。また、考察にあたっては、各年度の編成の記録である『年鑑』の記述も随時、参照する。

なお、本書においては、主として公共放送の女性向け教養番組を調査および考察の対象とする。「花」を主題とする講座は、民間放送が存在しなかった時期にはもちろんのこと、その後においても民間放送での放送は公共放送に比して稀であり、通時的な研究の対象とはなりがたいと考えられるからである。

1.3 昭和期放送メディアの時期区分

日本における放送の歩み

日本における放送は、90 年以上の歴史を有するが、その歩みにはいくつかの節目がある。大きくはラジオ放送のみだった時代とテレビ放送が加わった後の時代に二分されるが、ラジオ時代には、戦争という大きな出来事があり、1937（昭和 12）年の盧溝橋（ろこうきょう）事件勃発後の戦時体制によって、放送内容は変化を余儀なくされた。また、戦後のラジオ放送もアメリカを中心とする連合国軍の占領下にあって、放送内容は変化を余儀なくされた。占領が終わり、日本経済が復興に向かった時期には、テレビが出現し、普及の頂点に達していたラジオと併存するという状況が訪れた後、テレビはラジオに取って代わる存在となった。テレビは急速に発展した後、日本経済が高度成長から低成長へと転換した頃に、マンネリズム化やレジャーの多様化の影響で一時的に視聴時間（視聴者が１日のうちでテレビを視聴している時間）が減少し、新機軸番組が台頭するという変化期を有する。そして、その後、視聴時間が回復し、昭和から平成へと時代が移りつつも、インターネットが台頭する近年まで視聴時間を保つという成熟期を続けて今日に至っている。

そこで、本書では、昭和期における放送史上の各時期を画し、それぞれの時期ごとに章を立てて調査および分析と考察をおこない、最後に結論の章において各時期を通観して考察をおこなう。

昭和期の放送における五つの時期

時期区分は以下のとおりである。

まず、1925（大正 14）年３月 22 日の放送開始から 1937（昭和 12）年７月７日の盧溝橋事件勃発より前までをラジオ草創期とする。ラジオ草創期の始まりを 1925 年３月 22 日とするのは、この日に東京放送局による仮放送が始められ、日本における放送メディア誕生の時とされている[49)]ことによる。

次に、1937 年７月７日以降、玉音放送によって戦争の終結が告げられる

1945（昭和20）年8月15日までをラジオ戦時期とする。ラジオ戦時期の始まりを1937年7月7日とするのは、この日に勃発した盧溝橋事件以降、「事変下における戦時体制確立の国策に協力すべく」[50]番組編成が変更され、報道部門が増大して番組の構成割合が変化し、日本の放送史上、画期となった[51]ことに拠る。

次に、1945年8月15日以降、「日本国との平和条約（サンフランシスコ平和条約）」が発効する1952（昭和27）年4月28日までをラジオ占領期とする。ラジオ占領期の始まりを1945年8月15日とするのは、この日の玉音放送によって戦争の終結が告げられた後、月内に連合国軍の進駐が開始されて占領が始まり、まもなく日本の放送は連合国軍の統制下に置かれることになったことに拠る。

次に、1952年4月28日以降、1964（昭和39）年度末までをラジオからテレビへの転換期とする。ラジオからテレビへの転換期の始まりを1952年4月28日とするのは、この日に「日本国との平和条約」が発効して日本が主権を回復した[52]ことに拠る。この頃、ラジオは全盛期を迎えていたが、1952年度（1953年2月1日）に日本でのテレビ放送が開始されて、ラジオとテレビの並立が始まった。ラジオからテレビへの転換期の終わりを1964年度末とするのは、この年度に「人びとのテレビ視聴がすでにラジオ聴取にとってかわり、かつてのラジオ全盛時代に比肩するほどのテレビ接触が行なわれていることは明らか」[53]になり、ラジオからテレビへの転換が完了した[54]とみなせることに拠る。

次に、1953（昭和28）年2月1日のテレビ放送開始以降、1981（昭和56）年度末までをテレビ発展期とする。テレビ発展期に関しては、テレビ放送開始以来の経過を通観するため、その始まりを1953年2月1日とし、その初期をラジオからテレビへの転換期と重複させて扱う。テレビ発展期の終わりを1981年度末までとするのは、1970年代半ばにピークに達したテレビの視聴時間が、この年度まで、「漸減しながらではあるが、比較的安定した状態」[55]を保ったことに拠る。

次に、1982（昭和57）年度以降、1992（平成4）年度末までをテレビ変化期とする。テレビ変化期の始まりを1982年度とするのは、この年度に女性視聴者層の視聴時間の落ち込みが最低点に達し、かつ、「テレビ30年調査」において「テレビに対して興味のある人」の割合が減少し「テレビ離れ」が一層鮮明となったことに拠る。終わりを1992年度末までとするのは、この年度におこなわれた「テレビ40年調査」において「テレビに対して興味のある人」の割合が上昇して視聴意向の回復が示されたことに拠る。なお、この時期に関しては、1980年代を通観して変化を観察するために、調査および分析に際しては、始まりをテレビ発展期末の2年間と重複して1980（昭和55）年度からとする。

なお、本書では詳述しないが、テレビ変化期の後、すなわち平成期の放送メディアにおいては、30年に渡ってテレビの視聴時間がピーク状態を保ち続けた。テレビ成熟期というべき、この時期においては、番組ジャンルの混淆が更に進み、バラエティー番組とタレントの起用が普遍化するなど、昭和期の放送メディアとは異なる様相が現れている。

1.4 時期ごとの「花」の位置づけ

五つの時期と「花」の関係

女性向け教養番組における「花」を主題とする講座には、こうした昭和期放送メディアの各時期に相応した特性と意義が存する。

ラジオ草創期については、「花」の歴史に関する複数の文献に「花」を主題とする講座に関する言及があることから、多くの放送がおこなわれ、文化の伝播に貢献したことは明らかである。

一方、その後のラジオについては、「花」の歴史に関する文献に「花」を主題とする講座についての記述を見いだすことはできない。戦時期は「花をいけるよりは芋を作れ」といわれた[56]と伝えられる時期であることから、「花」を主題とする講座の放送もほとんどおこなわれなかったと考えられる。ところが、戦後、占領下にあって「花」が「いち早く復興し、たくましく発展」[57]

した時期においてもなお、「花」を主題とする講座の放送に関する記述は、「花」の歴史に関する文献に現れない。占領期について記述が無いことは、放送がほとんどおこなわれなかったことに起因するが、そこには戦時期とは異なる、この時期特有の要因が介在する。したがって、戦時期および占領期の「花」を主題とする講座の放送実績について調査し、両時期を対照することで、それぞれに特有の要因および両時期の相違点あるいは共通点が明らかとなる。

ラジオからテレビへの転換期については、「花」を主題とする講座はテレビでも放送されたという記述が文献にある[58]。テレビは映像を有しているため、造形芸術である「花」を伝播するにはラジオよりも適していたと考えられる。この時期には、ラジオとテレビ双方で「花」を主題とする講座が放送されていたため、そこには、ラジオとテレビそれぞれのメディアの特性に即した差異が生じていた。

テレビ発展期では、「いけばなを上品な趣味として[59]」楽しむ風潮が広まった。「花」の大流派である草月流を創始した華道家、勅使河原蒼風（てしがわらそうふう）は、戦後の「花」の流行について、「女性も自活できるような職を持つべきであるという考え方が基盤になっていると思う。女性の職業としておよそいけばなほど適切なものはない[60]。」と記している。しかし、この時点での「花」は、こうした実用のための技芸であるばかりではなく、「前衛いけばな」ブームがもたらした芸術としての評価を併せ持つ「上品な趣味」ともなっていたのである。1960年代なかばの「花」の行動者数は「一千万人[61]」と推定されている。こうした人びとの存在を背景として、この時期には、テレビでも「花」を主題とする講座は数多く放送された。また、この時期には「茶」についても「茶」の歴史に関する文献に女性向け教養番組による伝播の記述がある[62]。「花」と「茶」は共に伝統文化でありながら、近代におけるその発展は異なっている。同じく家元制の元で飛躍的に成長したとはいえ、「茶」には、「花」に匹敵するような近代流派の勃興や前衛ブームが生じなかった。また、その流派の数や行動者数にも差がある。これらのことから、「花」と「茶」のテレビでの伝播のされ方には違いがあると想定される。したがって、「花」

と「茶」それぞれを主題とする講座の編成を比較することによって、テレビによる日本文化伝播の一様相を示すことができる。

テレビ変化期では、教養と娯楽を融合した新機軸番組が出現した。にも関わらず、この時期に、女性向け教養番組における「花」を主題とする講座には新たな形式は現れなかった。視聴時間の減少は、まず女性視聴者層において顕著に示された[63)]ことから、女性向け教養番組でもなんらかの対応があったと想定される。その対応は、どのようにおこなわれたのかを明らかにし、この時期の「花」を主題とする講座をテレビの「変化」と照合する。

本書の構成

以下、本書では、第2章でラジオ草創期、第3章でラジオ戦時期および占領期、第4章でラジオからテレビへの転換期、第5章でテレビ発展期、第6章でテレビ変化期について、各時期での女性向け教養番組における「花」を主題とする講座の編成と放送の内容を調査し、分析し、考察する。ラジオ戦時期と占領期については、共に、放送が統制下にあり、「花」の歴史に関する文献に記述が無いという相似性を有することから、第3章において両者を併置して分析し、その相違点および共通点を考察する。また、これらの各時期を調査あるいは考察するに際し、前あるいは後の時期と比較対照することによって各時期の特徴をより明確に把握できると考えられる場合は、それぞれの時期区分を越えて前あるいは後の時期にまたがった調査と分析をおこなうこともある。第7章においては、各時期の特徴を踏まえた上で、女性向け教養番組における「花」を主題とする講座の通時的な特徴と歴史的意義を考察する。

ラジオ草創期の女性向け教養番組と「花」

概説 ラジオ草創期の放送メディアと女性向け教養番組

初期放送メディアの特徴

1920（大正9）年、第一次世界大戦終結後の好景気に沸くアメリカで世界最初のラジオ放送が始まった。これは、民営の商業放送だった。一方、イギリスでは1922年にイギリス放送会社（イギリス国営放送＝BBCの前身）が放送を開始した。こちらは聴取料を政府が集めて交付するというものだった。1895（明治28）年、マルコーニが無線電信を実用化して以来、世界各国で進んでいたラジオの研究と開発が、この時期、世界各国で一斉に花開いたのである。

日本での放送開始は1925（大正14）年とアメリカ、イギリスよりも遅れたが、営利を目的としない公共放送として始められた。翌1926（大正15）年、東京、大阪、名古屋の3局が合同し社団法人日本放送協会となった。

以後、1928（昭和3）年には、昭和天皇の御大典（ごたいてん）（即位の礼）中継を機に、仙台から熊本に至る連絡網が建設されて、全国放送の体制が整った。1931（昭和6）年には、第二放送が開始され、1932（昭和7）年には、聴取契約数が100万を突破、1935（昭和10）年には、学校放送と海外放送を開始、1936（昭和11）年には、二・二六事件収束のための「兵に告ぐ」という布告の放送や「前畑がんばれ」の実況が有名なベルリンオリンピックの中継といった歴史的放送が続き、飛躍的に発展する。

草創期の放送番組は、教養に報道と慰安（後年の呼称では娯楽）を加えた三つの種目に分別されていた。その比率は、初年度の1925年度には、教養34%、慰安39%、報道27%と慰安が最も大きな割合を占めていたものの、次年度以降、1926年度は、教養41%、慰安31%、報道28%、1927年度は、教養37%、慰安32%、報道31%、1928年度は、教養37%、慰安33%、報道30%、1929年度は、教養37%、慰安33%、報道30%と、教養が最も大きな割合を占め続けて遷移した。[64] 1931年に発行された『ラヂオ年鑑』は、このことについて「放送開始当時絶対多量を占めたところの慰安が今日では教養とその処を異にするに至つたのは、寧ろラヂオ本來の使命からいつて当然の現象と見なさなければならない。ラヂオが教育上大に利用されるであらうとは創業当初に何人も予想したところであつて、ラヂオを単なる娯楽媒介機関として使用するといふ時代は既に過ぎ去り、社会生活上最も必要な教育の媒介として使用する時代が我国に於ても近々五ヶ年の間に実現の傾向を示して來たのである。[65]」と記している。

放送の内容は、初期の東京放送局で放送部長を務めた服部愿夫が『映画物語』や『交響楽』などを設置して番組の充実に力を尽くしたのを始め、各種の講演、講座、ラジオドラマに加え、『ラジオ体操』や『子供の時間』など次々に新たな番組が開発されていった。一方、「『ニュース』は、放送開始当初から番組として登場してはいたものの、番組編成のうえで、今日では想像もつかないほど冷遇されて[66]」いた。

これらのことから、制度における公共の理念と、番組における教養の重視、この二つが、草創期での日本の放送メディアが有する特徴といえるだろう。そして、その「教養」のうち、「文化の機会均等」という職能を女性に対して発揮させるために設けられたのが、女性向け教養番組群である。

女性向け教養番組の鼎律（ていりつ）

1939年発行の『日本放送協會史』は、女性向け教養番組群について「家庭婦人向放送は教養放送中古き歴史を持つ[67]」として、草創期の系譜を記している。すなわち、放送開始初年の1925年5月24日に「早くも初の『料理献立』を放送し続いて二十七日には又最初の『家庭講座』を放送した[68]」。翌1926年2月には「午前の『家庭講座』に加ふるに午後の『婦人講座』も生れて、『家庭講座』は家事に関する実用的のもの、『婦人講座』は婦人の一般教養向上に資するものと区別して取扱ふに至つた。[69]」更に、その翌1927年5月には、「婦人に一層高級なる学理的知識を体系的に与へる為め『家庭大学講座』を加へ、爾来この三種の講座を久しく行つて来た[70]」と記している。

一方、1965年発行の『日本放送史』は、ラジオ草創期の女性向け教養番組を3種に類別している[71]。それに照らせば、『家庭講座』が「実用・実利を主体とするもの」、『婦人講座』が「知識の啓発に資するもの」、『家庭大学講座』が「いわゆる教育的なもの」に該当するとみなせる。したがって、『婦人講座』の記述にある「一般教養」とは「知識」を指すものと考えられ、「一般」とはいっても、「実用」や「教育」までを含むものではないことに留意する必要がある。

「家庭婦人向放送」としては『料理献立』が『家庭講座』の3日前に放送を開始されている。また、その他、女性向け教養番組として当時の資料に類別されている放送枠では、「季節々々の家庭に必要なる注意事項を放送[72]」する番組として、1933（昭和8）年9月に『家庭メモ』、1934（昭和9）年10月に『衛生メモ』が新設された。また、1935（昭和10）年度には、「毎月末に当月起つた主なる婦人問題を捉へて時事評論的に解説放送[73]」する『何月の婦人界[74]』が編成された。

『日本放送協会史』の記述では、『家庭講座』、『婦人講座』、『家庭大学講座』を「この三種の講座」として、それぞれ内容を記しているのに対し、『料理献立』はその埒外に置かれている。このことから、「文化の機会均等」を図るための番組は、『家庭講座』、『婦人講座』、『家庭大学講座』の3放送枠とされていたといえる。

これらの放送枠における対象聴取者層について1931年発行の『ラヂオ年鑑』には次のように記されている。すなわち、『家庭講座』は、「家庭にある女性のために日常生活の上に於いて必要な知識を極く平易に説明する為め[75]」の番組、『婦人講座』は、「一歩進んで婦人の社会常識を涵養する目的を以て（中略）女学校卒業程度の婦人に目標を[76]」置く番組、『家庭大学講座』は「同じく女学校卒業程度の婦人に対して、専ら学問的に社会常識上必須な課目を選び、該方面の専門学者に委嘱して、[77]」講義をおこなう番組という仕分けである。

1925年における高等女学校への進学率は15%近くだった[78]。『婦人講座』と『家庭大学講座』は共に、「女学校卒業程度」という、15%近くの限られた層の女性に向けたものだったことになる。それに対し、『家庭講座』は、「家庭にある女性のために」、「平易に説明する」番組であり、家庭にいる女性をすべて対象としているという違いがある。

野村（2004）は、これら女性向け教養番組群は、「家庭に閉じこもりがちな主婦など当時の女性に、最新の知識や技術を各分野の権威から学べる新しい可能性を開いた。著名人の講演を聞く、もしくは家元などから直接稽古を受けるなど、それまでには普通持ち得なかった学習機会がラジオによって、全国の女性に広く提供された[79]」と評している。

2.1 女性プロデューサー・大澤豊子の編成改革

放送時間帯の変更

ラジオ草創期において、これら女性向け教養番組群の制作を担当していたのが、大澤豊子である。

大澤が入局した時、『家庭講座』は既に設置されていた。就任後、大澤はただちに『家庭講座』の編成を改革した。

まず、「家庭講座の講師の謝金が、講演の講師に比して〇〇（ママ）少なかつたのを同額に改め」た。「家庭講座を低級視されることは女性として堪へられない[80]」からだった。また、女性講師の謝金は男性に比して等差がつけられていたが、この点に関しても、「その内容素質に因つて差等（ママ）を立てられると云ふならば、致し方がないと諦めもしたいが、性別からの等差は是非とも之を撤廃したい[81]」と考えたという。

謝金の是正に続いておこなったのが、『家庭講座』の放送時間帯変更である。それまでの『家庭講座』は午前9時30分台の放送だった。それを「午前九時三十分は家庭婦人に取つて忙しい時である。[82]」として、「十時三十分」台に改めたのである。

ムーアとカースリー（2004）は、ラジオ（とテレビ）の長所として「即時性がある」ことや「大量の情報を伝達できる」ことを挙げる一方、その短所として「リアルタイムで利用する（時間に拘束される）」ことを挙げている[83]。大澤の放送時間帯変更は、ラジオという新しいメディアが持つ「時間に拘束される」という短所を、編成によって緩和しようとする試みであった。ラジオは、家にいながらにして臨場感のある講義を受けることができるという点で「空間の拘束」を解き放った。しかしながら、放送での講義は決まった時刻から開始されるために「時間の拘束」をも解き放つまでには至らなかった。ラジオが持つそうした「時間の拘束」に、大澤は放送開始時刻の変更によって対応したことになる。

『婦人講座』の新設と『家庭講座』の充実

大澤の編成改革は更に続く。着任の翌月（1926年2月）に、女性向け教養番組の新たな放送枠として『婦人講座』を設置したのである。『婦人講座』は「評論、批判、婦人問題、婦人運動、国際事情等[84]」を主題とし、出演者には「各方面の有識者」に加えて、「無名の新人を迎へることを事情の許す限り実現[85]」しようとした。

一方、既設の『家庭講座』は、「現実の家庭に則して、家事家政育児衛生等の講話および手藝手技等も可能ならば放送して見たいと考へた[86]」として、放送枠の性格を明確にした。

この時すでに『家庭講座』では、「花」を主題とする講座の放送実績があった。大澤は、「大正十四年頃緑（ママ）川女史が計画されて、生花、刺繍の放送に[87]」と記しているから、女性向け教養番組において最初に「花」を主題とする講座を編成したのは、「初めての女性アナウンサー」として知られる翠川秋子（みどりかわあきこ）だったことになる。

『番組確定表』によれば、この時の編成は、1925年10月から11月にかけて週代わりで異なった主題の連続講座を放送するという、それまでにない試みだった。ラインナップは、第1週が10月19日から「洋服裁縫講習」（連続6回）、第2週が10月26日から「実用手芸講習」（連続5回）、第3週が「花」を主題とする講座で11月2日から「盛花講習」（連続6回）、第4週が11月9日から「和服裁縫講習」（連続6回）となっている。この時点で、「花」は裁縫や手芸と同列に扱われていたことになる。鈴木（2000）は、大正期の雑誌『主婦之友』における記事内容を分析し、「一九一七（大正六）年一〇月号の『家事の傍らに出来る有利な婦人内職』（中略）では、一番簡単なものとして裁縫があげられ（後略[88]）」ており「一九一九（大正八）年九月号には、琴や茶の湯・生花の師匠が、家事の傍らに従事する『中流の奥様向き内職として、最も上品なる職』と紹介されている[89]」と記している。大正期には、「花」は「裁縫」と同様、内職の手段となっていたのである。このことが、『家庭講座』における連続講座の編成にあたって、「花」と「裁縫」が同列に並べられたことの背景にあるとみなすこともできよう。

大澤は、2年後の1927（昭和2）年4月「周囲の人人に危まれながら茶の湯のお稽古も」主題に加えて反響を得た。「花」に加えて「茶」も主題となったことで、女性向け教養番組による伝統文化の教授が形を整えたといえるだろう。

『家庭大学講座』の設置目的

大澤の編成改革はなおも続いた。1927年5月、『家庭大学講座』を新設して、女性向け教養番組の放送枠を拡充したのである。新設にあたっての抱負を大澤は次のように記している。

女学校卒業をお嫁入りの道具に考へるなどの時代は疾くに過ぎてゐた。

（中略）外に向つての婦人運動も大切ではあらうが、内に向つての自己修養の必要を切実に考へる婦人が、数に於ては少からうが深刻になつて来た。（中略）此機会に、女学校を出て家庭に入つた主婦の方、学校を出て、社会へと巣立つた職業婦人方には、此ラヂオこそ絶好の修学機関である。之に因つて婦人が高級な常識を涵養し得るならば、文化の恩沢之に過ぎるものはない。（中略）婦人が男子に比して遜色あるは、質の劣等なるが為ではない、博く学ばないからである。見聞が狭いので物の判断を過るからである。人間が生きて往くのに必要な知識が普及してゐないからである。外に出ることの困難な、読むものの少ない相当知識ある階級の婦人は、悉く此講座を利用すべきである。[90]

当時、高等女学校を卒業した後に、女子高等師範学校や女子専門学校に進学した者は１％に満たなかったという。[91] 進学も就職もせず家庭に残り、「外に出ることの困難な」女性たちが「高級な常識を涵養し得る」ことをめざした大澤は、後藤新平が東京放送局開局にあたって説いた放送の職能、すなわち、家庭にいる女性に対する「文化の機会均等」を押し進める存在だったといえるだろう。着任時、放送部長から「社会教育家庭向上に放送の使命を遺憾なく発揮するよう」にといわれて「奮起した」大澤は、『家庭講座』の時間帯変更や主題の多様化に続き、『婦人講座』と『家庭大学講座』を創設し、女性向け教養番組編成の礎を築いたのである。

大澤と婦人参政権運動

入局から６年後の1932（昭和７）年、大澤は、婦選獲得同盟の機関紙『婦選』で、次のように紹介された。

大澤さんはJOAK[92]の社会教育課の中に在る家庭部の主任なのである。（中略）

社会教育課の仕事である所の

講演

〇家庭講座
〇婦人講座
〇家庭大学講座
〇朝の料理
　子供の時間（以上第一放送）教育放送（第二放送）
の内で、〇のついてゐるのが大澤さんの担当であり、これを引くるめて家庭部、その主任としてプログラムの編成出演の交渉から梗概作成、テキスト作成、放送に関する一切についてわが大澤さんは、六年間殆ど三百六十五日働きつゞけて来たのである。[93]

大澤は市川房枝らの婦人参政権運動に関わりを持っていた。1920（大正９）年、平塚明（平塚らいてう）の家で開かれた新婦人協会賛助員有志の初会合において、「四二議会へ治安警察法第五条修正及び花柳病男子の結婚制限の請願書提出」が決定された時、大澤は出席者に名を連ねている。[94] この時のことを、市川は、「大沢豊子氏からは、婦人が政談を聞いたり、したりできた時代、明治二十年ごろの上野末広亭での婦人だけの政談演説会の模様のお話があり、みんな興味をもってきいた。[95]」と記している。また、平塚は「婦人政談演説禁止前に、まだ少女のころに見られたという婦人政談演説会の有様や、いわゆる女政客なるものについて、遠い記憶を語られた大沢さんの話は、みんなの興味をひきました。[96]」と記している。ただし、大澤は、「婦人界に立交るにしても新聞記者としては、飽くまで局外中立の心持を持つて居るべきだと」考え、「何の団体、何の会合にも没頭せず、干与せずに終始一貫しやうと努め[97]」ていた。大澤は、1932年に婦選獲得同盟機関紙『婦選』の取材を受けた時、「自分が本当に引たゝないかげの仕事の好きな人間である事を知つてゐます」と答えている。

2.2「教養」と新しい「花」の出会い

運命的な邂逅（かいごう）

女性向け教養番組の礎を築いた大澤と「花」には、運命的ともいうべき邂逅があった。

1928（昭和３）年、「花」の新興流派「草月流」の家元、勅使河原蒼風との出会いである。蒼風は1900（明治33）年に生まれ、「近代いけばな史上の巨匠として、造形となげいれ花の二つながら前人の到達しえなかった創作を続けた」[98]華道家である。しかし、この頃は、前年すなわち1927（昭和２）年に草月流を創始したばかりで、ほとんど無名に近く、「苦難の道がつづいた」[99]末、ようやく、初めての花展を銀座の千疋屋（せんびきや）で開催したところだった。しかし、せっかくの花展も、三日間の会期中、雨にたたられ、ほとんど来訪者が無かった。「三日目になってしかたなしに片付けようかなと悲観しているとき、一人の婦人が会場に見えた。この人が私にとっては救世主ともいうべき大沢（ママ）豊子女史だった。」[100]という。以下は蒼風の回想である。

> 大沢（ママ）さんは（中略）、当時は発足したばかりのNHKで家庭課の主任みたいなことをしていた。このときは偶然千疋屋に食事に来られたのだが、食後私の展覧会をなんの気なしに見たわけだ。そしてすぐ「この人に会いたい」と店の者に言い、何ごとかと私が駆けつけると、「あなたはずいぶん若いのね、勅使河原蒼風なんていうから、おじいさんかと思った」と驚かれた。そして、いけばなはすでに床の間の飾り物ではなくなっている。西洋館がたくさんできている時代に、そんなことに固執していてはダメだし、私はそういうのはきらいだ。しかしあなたのは現代人の感覚がよく現われているし、生活と遊離していないところがいいといった過分の批評をしてくれた。
>
> 私は初めて自分の作品を批評してくれる人にめぐり会ったのだ。それからまもなく大沢女史は、いけばなをラジオでやらないかといってきた。

（中略）これが私が世に紹介される端緒であった。[101)]

新興流派である草月流（そうげつりゅう）と新興メディアである放送は、このようにして出会った。それは大澤が背負っていた女性向けの「教養」と蒼風が目指していた新しい「花」との出会いの時だったともいえるだろう。以後、ラジオ草創期からテレビ発展期に至るまで、女性向け教養番組と「花」、特に草月流は、いわば手を携えるようにして昭和という時代を歩み続けることになる。

ラジオと「花」による「家庭生活の革新」

大澤はラジオを「絶好の修学機関」とすると同時に、家庭生活の革新をもたらす手だてともしようとしていた。大正から昭和初期にかけてのモダンな生活に適応しようとして生まれてきた、草月流など近代流派の「花」はその格好の手段であったと考えられる。

『日本花道史』には「（明治時代）良妻賢母の養成に女子教育の目標をおいた政府は、女学校で、裁縫、編物、女礼、茶の湯とともに、いけばなを正科とした。いけばなは女性の不可欠の教養となり、嫁入道具となって、もっぱら女性のあいだに普及していったのは、明治の中頃からであった。[102)]」と記されている。

大澤が示した「女学校卒業をお嫁入り道具に考へるなどの時代は疾くに過ぎてゐた」という見解は『家庭大学講座』についてのものであるが、文化や教養を単なる嫁入り道具とみなさず、女性にとっての自己修養の手段にしようという考え方は『家庭講座』にも反映されていたはずである。蒼風の回想において大澤が語ったとされることからは、『日本花道史』に記されたような単なる「嫁入道具」とは違う「花」を大澤が求めようとしていたことが窺える。

大澤は、雑誌に寄せた論考に次のようにも記している。

　科学知識の通俗的普及も、至難ではありませうが、これに伴つて豊富な趣味を、衣食住の上に活かして行くといふことも、決して遊び半分の気持で出来る仕事ではありません。（中略）貧しい住ひを清新ならしめ、乏しい食卓を賑はし、貧しい服装の上にも道ゆく若人の視線を惹かしめ

> る、それはなかなかむづかしい仕事です。要するにその人の頭脳の如何にあります。（中略）殊に私の実感は、婦人には一層豊富な趣味の涵養が、必要だと思ひます。一般婦人の活きて往く天地は、何といつても狭いのです。ここに跼蹐（きょくせき）せず、狭い天地を広くし得るのは、趣味の徳であると思ひます。[103]

豊富な趣味の涵養も女性には必要であり、この趣味は「貧しい住ひを清新ならしめ、乏しい食卓を賑は[104]」すものでなければならない、と大澤は述べている。「床の間の飾り物」ではなく「生活と遊離していない」と大澤が評したという蒼風の「花」は、大澤にとって、まさに「貧しい住ひを清新ならしめ、乏しい食卓を賑は」すことに役立つ趣味であったと考えられる。

東京放送局仮放送開始時に後藤総裁が挙げた放送の職能は四つあり、「文化の機会均等」の他に、「家庭生活の革新」、「教育の社会化」、「経済機能の敏活」があった。蒼風と協働しようとする大澤の構想には、これら職能の一つ「家庭生活の革新」も反映されていたとみなすこともできよう。

大澤は、就任草々、『家庭講座』の放送時間帯を変更するという改革をおこなった。こうした大澤の方針、すなわち忙しい女性も講義を受けられるようにするという考え方と呼応するかのような理念を、蒼風も抱いていた。以下は蒼風の記述である。

> 花を挿すと云ふ事が単に一種の稽古事として、有閑人だけの遊び事のやうに考へられ勝ちです。
>
> 花を挿して楽しむと云ふ事、花を飾つて眺めると云ふ事は、余裕のない人達や、忙しい人達のする事ではないやうに思はれ勝ちです。
>
> 挿花の精神、その目的、それ等が間違つた解釈をされ勝ちなのは、残念な事です。[105]
>
> 投入盛花は、有閑人だけの試みる仕事ではありません。煩雑な生活にこそ伴はせたいものです。[106]

蒼風が活ける「有閑人のものではない、忙しい人たちにも楽しめる花」こそ、大澤が女性向け教養番組における「花」を主題とする講座に求めたものであり、大澤にとって蒼風は自分の思いを体現する出演者と映ったにちがいない。

「花」は、女性向け教養番組群を女性の生活改善と地位向上のために編成しようとした大澤豊子にとって、その象徴というべき中核的な主題だったことになる。そして、それはまた、特に都市生活において近代化が進みつつあった社会情勢への対応の現れだったともいえるだろう。それまで全く放送実績のなかった新人である蒼風を起用した大澤。その大澤の期待に応えて、時代にふさわしい「花」を最新のメディアであるラジオを通じて伝えた蒼風。二人の協働はこの後、近代流派である草月流を急成長させることになる。

草創期における「花」の放送

1928（昭和３）年の勅使河原蒼風最初の講座は「やってみるとたいへん評判がいい。そこで大沢さんが“もっと続けなさいよ”といってくれて、翌昭和四年には本格的に取り組むことになった。[107]」と、蒼風は記している。

工藤（1993）は、「公的機関である日本放送協会が、日常の生活における一つの技芸としていけばなの存在を認めたということの意義は大きい。ことに放送に出演した花道家たちにとっては、流派のいけばなと家元の存在を大衆にアッピールする機会と」なったと評している。そして、「放送によるいけばなの講座を担当したのは、（中略）いずれも自由花、盛花などの近代流派を代表する花道家たちで[108]」あるとして、「近代流派」とラジオの関係を強調している。

では、その女性向け教養番組における「花」を主題とする講座[109]の放送実績[110]はどのようなものだったのか。

『番組確定表』によれば、ラジオ草創期における「花」を主題とする講座の放送本数は足かけ13年の間に99である[111]。その本数の年度ごと推移を図１に示す。

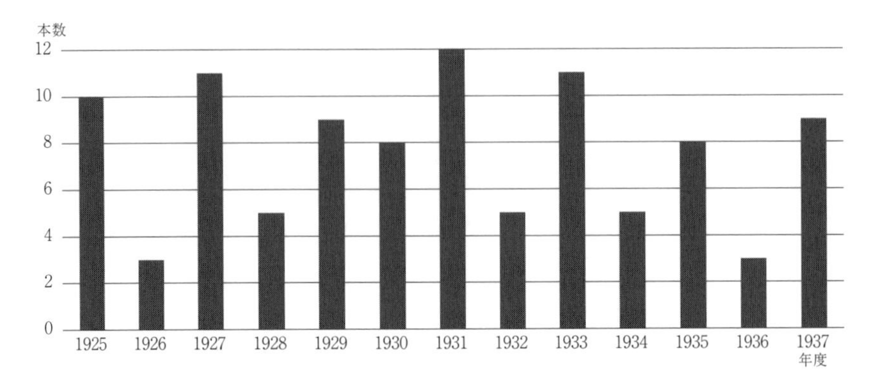

図1　ラジオ草創期における「花」を主題とする講座の年度ごと放送本数
（1925年3月22日～1937年7月7日）

少ない年度は3、多い年度は12と、年度ごとの本数には多寡があるが、毎年度、「花」を主題とする講座が放送されている。当該期間における1年度あたりの平均本数は、7.6（小数点第2位四捨五入・以下同）、標準偏差は3.0である。

「花」の歴史に関する各文献では、ラジオ草創期に「花」を主題とする講座を担当したのは「自由花、盛花などの近代流派」であり、特に、草月流は大澤が、創始者の勅使河原蒼風に講義を依頼した結果、ラジオによって「名を広めた」とされている。蒼風も「放送でいくらか世に知られるようになると、『主婦之友』をはじめいろいろの婦人雑誌から口絵写真の注文などもくるようになり、私の仕事もようやく軌道に乗った」[112]と記している。

では、その出演の実態はどのようなものだったのか。

廣山流（こうざんりゅう）と草月流（そうげつりゅう）

ラジオ草創期の女性向け教養番組において、「花」を主題とする講座に出演した講師は、22人を数える。そのほとんどは華道家（実作者）である。

表1に、出演回数[113]について降順に講師名とその流派を示す。

出演回数では、岡田廣山（廣山流）と勅使河原蒼風（草月流）が、共に

22回と他を引き離して回数が多い。1929年発行の『現代華道家名鑑』には、岡田廣山は「大正式廣山流と名命（ママ）して、瓶花盛花に一新機を出し、（中略）大に流布するに至り」[114)]と記されている。一方、勅使河原蒼風が草月流を創流するのは1927年である。廣山流が台頭したのは大正期であり、草月流が台頭したのは昭和期以降ということになる。岡田廣山と勅使河原蒼風の二人の出演回数が全体に占める比率は、両者合計で44％と半ば近くに達している。ラジオ草創期に東京から放送された女性向け教養番組における「花」を主題とする講座は、この二人が主役となっていたといえる。しかし、共に22回の講義をおこなっているとはいえ、その放送時期には差異がある。図２に、廣山と蒼風の年度別出演回数を示す。

表１　ラジオ草創期の「花」を主題とする講座での講師ごと出演回数

講師	出演回数	流派
岡田廣山	22	廣山流
勅使河原蒼風	22	草月流
小島専甫	9	皇国池坊 大和斑鳩御流
工藤光洲	7	小原流
小島泰次郎（松影軒）	6	正風華道
兒島文茂	5	池坊
安達潮花	4	安達式
小原光雲	4	小原流
久野連峰	3	京都古流
その他	18	―

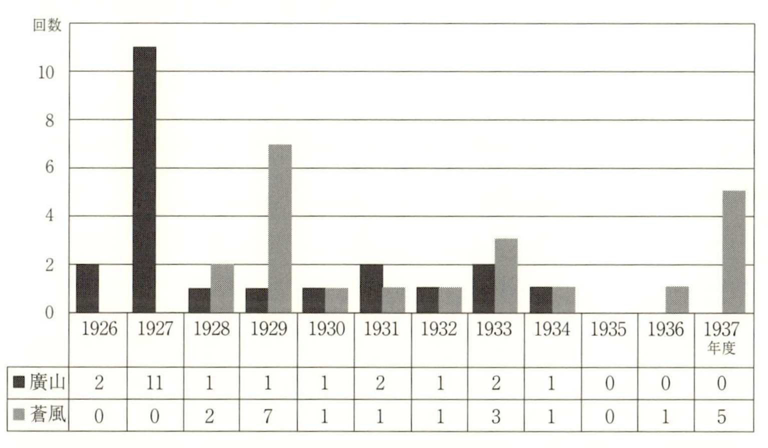

	1926	1927	1928	1929	1930	1931	1932	1933	1934	1935	1936	1937
■廣山	2	11	1	1	1	2	1	2	1	0	0	0
■蒼風	0	0	2	7	1	1	1	3	1	0	1	5

図２　岡田廣山と勅使河原蒼風の年度別出演回数（1926年度～1937年度）

図2に示したように、1926年度から1927年度までの2年間は廣山の出演のみで蒼風の出演は無い。この後、1934年度までは両者が出演しているが、1936年度以降2年間は蒼風の出演のみで廣山の出演は無い。1931年度までを調査期間の前半、1932年度以降を後半とすれば、前半は廣山18回対蒼風11回で廣山が多く、後半は廣山4回対蒼風11回で蒼風が多い。この前半と後半の差異は重要である。ラジオ放送の受信契約数が前半と後半で大きく異なっているからである。

図3は、日本放送協会関東支部（当初は東京放送局）管轄域におけるラジオ放送受信契約数を事業年度ごとに記したグラフである。

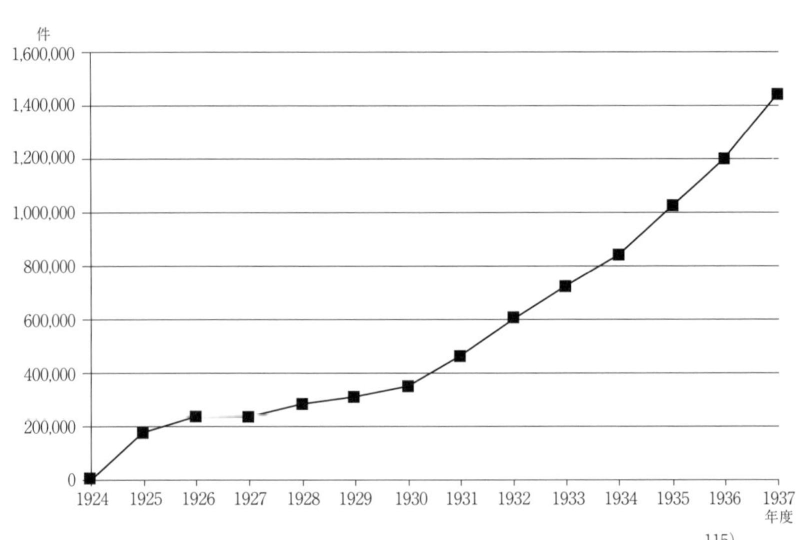

図3　ラジオ放送受信契約数の事業年度別推移（1924年度～1937年度）[115]

受信契約数は、1925年度が約17万件であるのに対し、1937年度には143万件を超え、8倍以上に増加している。受信契約数はラジオを聴取可能な世帯数とみなすことができるから、放送1回あたりの聴取可能世帯数も8倍以上になっていた[116]ことになる。

廣山と蒼風について、年度ごとに各々の出演回数に受信契約数、すなわち、聴取可能世帯数を乗じた積を当該年度での「花」を主題とする講座が有した「到達可能性」とみなし、その推移を記したグラフを図4に示す。

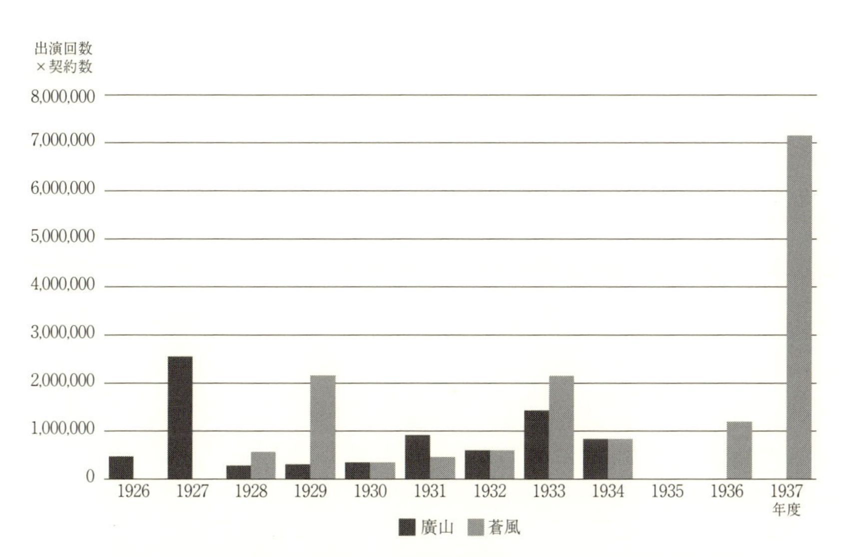

図4　廣山と蒼風　講座の「到達可能性」（1926年度～1937年度）

このグラフは模式図ではあるが、ラジオを通じた影響力の推移を視覚的に把握する一助となる。

1927年度に廣山がおこなった講義は計11回であり、1929年度に蒼風がおこなった講義は計7回であるが、「到達可能性」を示す柱の高さはほぼ拮抗している。受信契約者の増加が蒼風の出演回数の少なさを補い、「到達可能性」において廣山に拮抗させたのである。1937年度においては蒼風のおこなった講義は6回[117)]だが、柱の高さはかつてなく大きく、1927年度（廣山）および1929年度（蒼風）の柱の高さの3倍ほどに達している。この結果は後年になるほど蒼風の影響力が大きくなる傾向にあることを示している。

単純に年度ごとの放送本数に基づく講義回数を比較しただけでは、1925年度の10本（10回）と1937年度の9本（9回）に大きな差はない。しかし、講義の「到達可能性」においては、1925年度の10回と1937年度の9回では、8倍以上の差があり、後になるほど影響力が大きくなっている。このことは、新しいメディアの普及期においては、そして、それが特に急速に利用者を拡大しつつ普及する場合においては、後になってそのメディアで伝播されたものほど大きな「到達可能性」を有することを示している。

ラジオと草月流

勅使河原蒼風の妻、葉満は1928年の蒼風の最初の出演について、「この放送で草月流も蒼風もすっかり世に知られました。（中略）この放送があってから、だんだん入門の方がふえました。[118]」と述懐している。また、『創造の森　草月 1927-1980』には、「神田神保町でしるこ屋を開いていた」稗田青放が「たまたま聞いた蒼風のラジオ放送にすっかり捉えられ、四十なかばすぎの年齢で、三宅坂の教場の門を叩いた[119]」とある。同書にはまた、大久保雅充が入門したのは、大久保の妹である宮城元子が1929年に蒼風がおこなった「JOAKの連続講座を聞いたのが動機で」入門したことがきっかけだったと記されている[120]。いずれもラジオ草創期での女性向け教養番組における「花」を主題とする講座の影響力を物語る逸話である。

草月流は創流当初、弟子がほとんど集まらず、「二十人ぐらい[121]」にすぎなかったという。ところが、1943（昭和18）年発行の『華道年鑑』では1942（昭和17）年末時点で「草月流いけばなの教授をなすもの約二万数千を数へるに至つた。[122]」と記されている。同書には、岡田廣山の項に「一門、全国各地の支部、門下生は実に数万[123]」と記されており、同時期に草月流だけでなく廣山流も同等の勢力を持っていたことにはなる。しかし、廣山流は大正期に台頭し1929年には既に「大に流布するに至[124]」っていたことを勘案すると、文字どおりゼロから出発した草月流の急成長は廣山流を圧している。この急成長は、流派そのものの魅力や展覧会での評判、雑誌への頻繁な掲載などラジオ以外のさまざまな要因にも拠っているが、ラジオこそは、草月流が最もよくその普及の波に乗って勢力を伸張した要因だったといえる。今日、多くの文献において、草月流の項にラジオでの講座に関する記述が掲載されている所以である。

『日本放送史』は、「教養放送のネットワークは、（中略）東京の仮放送開始第一日に後藤新平総裁がいった『文化の機会均等』を実現していった」[125]と記している。ラングラン（1979）は大衆への教授法として「同時に数百万の人びとに到達できるラジオ番組」[126]が有する優位性を指摘しているが、草創期ラジオにおける「花」を主題とする講座は、ラジオの威力を示す典型的な事例として位置づけられるといえよう。

2.3『家庭講座』における放送の２形態と「花」の２類型

単発型と連続型

『番組確定表』の副題には、回数表記が付されている場合があり、『家庭講座』における講座には、１回かぎりのいわば「単発型」と、２回以上連続のいわば「連続型」という二つの類型があったことが示されている。

『番組確定表』によれば、ラジオ草創期における計 99 本の放送のうち、半分近い 45 本が１回のみの単発型講座だった。一方、複数の講師によって連続型講座が実施される場合もあり、それらも一続きの連続型講座とみなした場合、連続６回以上の大規模な連続型講座がおこなわれたことが５度ある。1925 年（工藤光洲による連続６回）、1927 年（岡田廣山による連続 10 回）、1929 年（勅使河原蒼風による連続７回）、1935 年（安達潮花と兒島文茂による連続７回）、1937 年（小原光雲と勅使河原蒼風による連続９回）の５度である。足かけ 13 年のうち、三分の一以上の年で連続型講座が放送され、その放送回数合計は全放送回数の４割近くに達している。ラジオ草創期での「花」を主題とする講座は、放送回数の点では、１回のみの単発型講座と６回以上の大規模な連続型講座とに二分されていたといえる。

『番組確定表』には、番組の放送枠名（『家庭講座』など）とは別に、原則としてその放送回の副題（「おひなさまへ供へる花」など）が付されている。副題は、その回の題材を示すために付されるものであり、副題の記述を分析することにより、番組の内容を把握することが可能である。

ラジオ草創期の女性向け教養番組における「花」を主題とする講座について、その内容を番組の副題によって分析すると、単発型と連続型には、以下のような傾向の違いがある。

季節性と入門性

単発型の副題には、放送開始初年度の久野連峰の回が「お正月向き」と題せられているのを始めとして、「櫻花」、「秋草」、「晩秋」、「お盆」、「初秋」など季節ないし時節を冠するものが多い。特に顕著なのは、1931年である。この年は1月を除き毎月1回、定期的に単発型講座が放送された。そして、3月を除き、2月から12月まで、いずれの回の副題にも「二月の」、「四月の」、「五月の」、「六月の」など、その月の名が冠せられている。また、3月も「雛節句の」と季節を表す語が冠せられている。単発型講座の内容は、季節性を主旨とするものが多かったといえる。

一方、連続型講座の副題には、放送初年度の工藤光洲の回が「講習」と題せられているのを始めとして、6回以上の連続型講座（複数講師による講座を含む）は、1935年（安達潮花と兒島文茂による連続7回）を除き、いずれも「手ほどき」、「誰にでも出来る」、「手軽な」といった入門講座としての性格を示す語が付されている。単発型講座にも「活け方に就いて」、「どなたにも活けられる」など、入門の性格を示す語が付された回が8回あるが、そのうち4回は「櫻花」、「四月の」、「桃と菜の花」、「お正月花」というように季節ないし時節を示す語が冠せられている。これに対し、連続型講座の副題には、特に季節ないし時節を示す語は付されていない。

単発型と連続型という、放送の連続性による二つの類型は、その講義内容においても性格を異にしていたことになる。これらのことから、ラジオ草創期の女性向け教養番組における「花」を主題とする講座は、季節性を主旨とする単発型講座と入門性を主旨とする連続型講座に二分できるといえる。

このうち、後者には、前者には無い特徴がある。入門性を主旨とする連続型講座では、テキストが発行されていたのである。

2.4 映像の無いラジオで活け方を伝える方法

テキストの誕生

工藤（1993）は、ラジオで「花」を講義する際の「最大の欠点は、テレビのように映像が対象に伝わらないことである[127]」と記している。「花」のような造形芸術を映像無しで、どのようにして講義したのだろうか。

勅使河原蒼風はその苦労を次のように回想している。

> さて、やってみましょうと引き受けてはみたものの、いったいどうやったらいいのか見当がつかない。とにかく実験してみようということで、女房やでしを隣の座敷において、からかみ越しに私のいうとおりにいけさせてみた。するとなんとかやれそうである[128]。

このことについては、蒼風の妻、勅使河原葉満も同様の回想を残している。

> ラジオに出演できるなんてすごいチャンスですけど、テレビじゃないんだから、耳で聞いてわかるように教えなきゃならないわけです。
>
> 主人はずいぶん練習しましたよ。「おれが放送するとおりやってみるから、葉満はおれの言うとおり隣りの部屋でいけてみてくれないか」って言いましてね。主人はいけながら放送するとおりしゃべって、あたくしは隣りの部屋でそれを聞きながらいけたの。少しでもわかりにくいところがあったら、何度も直して、「これで大丈夫」っていうところまでやりましたの[129]。

しかし、これだけでは、やはり限界を感じたらしく、蒼風は「昭和四年には本格的に取り組むことになった。“だれ（ママ）にでもできる新しいいけばな”というテキストを作り、絵や写真を入れて[130]」と回想している。テキストの絵や写真によって、映像が無いというラジオの欠点を補ったのである。

テキストが作られたのは、蒼風の講座においてだけではなかった。1925年に工藤光洲がおこなった最初の「花」を主題とする連続型講座において、『ラヂオ家庭講座』「裁縫・手芸・生花」と題するテキストがすでに作られていた。

この時の光洲による6回連続の講座では、テキストとは別に放送後に講義録が出版された。したがって、講義の内容がどのようなものだったか、その詳細を知ることができる。光洲の講義は次のように始まっている。

> これから盛花のお話をいたします。パンフレットの十九頁を開いて戴きませう、今日は盛花に用ゐます道具のお話から申し上げます。[131)]

このようにパンフレットを開くところから講義が始まり、以下、随所でパンフレット、すなわち、テキストの参照が求められる。

一方、光洲の1か月後に2回連続の講座を持った久野連峰の講義も、放送後に講義録が出版されている。連峰の講義は次のように始まっている。

> 前以てお断りを申し上げて置きますが、何時もお花の教授をいたしますのには実物を見た上でその物に就ての解釈をして居りますので、たゞ話すだけでは皆様の御満足を得られるかといふ事は到底むづかしいやうに思ひます。（中略）然し折角（せつかく）お招きを受けた限りは、皆様の御期待に叛（そむ）かないやうにお話（はなし）したいと思ひます。[132)]

連峰は「ただ話すだけ」と述べており、その講義録には、テキストへの言及は無い。連峰の講義ではテキストは出版されていなかったと推定できる。

表2は、ラジオ草創期の女性向け教養番組における「花」を主題とする講座に関して、発行が確認できるテキストの書名、副題、講座の放送年月日、講座回数の一覧[133)]である。

表2　ラジオ草創期の女性向け教養番組における「花」を主題とする講座のテキスト

書名	副題	講師	放送年月日	講座回数
ラヂオ家庭講座[134]	裁縫・手芸・生花	工藤光洲	1925年11月2日～7日	連続6回
ラジオテキスト 秋期婦人家庭講座	投入花の手ほどき	岡田廣山	1927年10月24日～12月26日	連続10回
JOAK TEXT（家庭講座テキスト）[135]	誰れにも出来る投入花と盛花	勅使河原蒼風	1929年11月11日～12月24日	連続7回
ラヂオ・テキスト 婦人講座[136]	生花と盛花	安達潮花 兒島文茂	1935年5月17日～6月28日	合計 連続7回
ラヂオ・テキスト 婦人講座[137]	手軽な生花	小原光雲 勅使河原蒼風	1937年6月1日～29日	合計 連続9回

いずれも、講座回数が複数にわたる連続型講座である。それぞれのテキストについて講座の回数は、1例目の工藤光洲が6回、2例目の岡田廣山が10回、3例目の勅使河原蒼風が7回、4例目は安達潮花と兒島文茂が合冊になっており計7回、5例目も小原光雲と勅使河原蒼風が合冊になっており計9回である。ラジオ草創期の女性向け教養番組における「花」を主題とする講座は、講座回数の点では、1回のみの単発型講座と6回以上の大規模な連続型講座とに二分されていたことを示したが、テキストは、その後者すなわち6回以上の大規模な連続型講座の時に発行されていたことになる。

ラジオ放送においてテキストが発行されたのは、「花」が初めてではなかった。1925年7月20日に始まった『英語講座』で既にテキストが発行されていた。『日本放送史』には、この講座は「岡倉由三郎らを講師として、夏期六週間連続放送したもので、（中略）いちはやく、テキストとして『ラジオ英語講座資料』[138]を発行している。これは、当時の番組担当者が、放送の機能と限界を認識し、その効果を高めるために考案したもので、テキストつき講座番組のはしりとなっている。[139]」と記されている。ラジオという聴覚メディアの限界を出版という視覚メディアの特性を利用して補ったのである。出版と放送、それぞれの長所を組み合わせ短所を補いあうという、この連携が持つ利便性を凌駕するメディアの出現は、インターネットの普及拡大まで待たねばならなかったといえる。

放送メディアがもたらした「芸能の定型化」

これらのうち、勅使河原蒼風が1929年におこなった連続型講座のテキスト『誰れにも出来る投入花と盛花』は、後に出版される書籍の基礎ともなった。このテキストの歴史的意義について、『創造の森 草月 1927-1980』には、「後に草月流花型法として完成されるものの出発であり、基礎である[140]」と記されている。同書にはまた「一九三三年（昭和八年）十二月十一日、主婦の友社発行の『新しい生花の上達法』で蒼風は、基本立真型、基本傾真型、基本垂真型、基本平真型の四つの基本花型と、第一から第五までの応用花型を説明している。それは昭和四年のJOAKのラジオ・テキストの内容をさらに深めたもので、立真型、傾真型など名称は改めているが、基本的なことは変らなかった。[141]」とも記されている。蒼風の妻、葉満も、このテキストの意義について次のように述懐している。

> 三番町の講堂ができたおなじ年に、蒼風が主婦の友社から、初めて草月流の入門書を出しましたの。『新しい生花の上達法』っていうの。草月の基本花型と応用花型を説明したものなんです。
>
> 千疋屋の個展のあとで初めて放送しましたときは、まだ花型はできていなかったんですが、その翌年にNHKから連続講座を放送しましたでしょ。そのとき一所懸命勉強して、テキストを書きましたの。それが基本になってますのね。[142]

草月流においては、ラジオにおける講座のテキストが流派の基本花型の出発点となっていたのである。ラジオと出版の連携は、草月流に大きく寄与したといえるだろう。熊倉（1990）は、このことについて「放送メディアにのせることが、芸能の内容そのものを定型化し、大衆化の基礎づくりを促した例をここに見ることができよう。[143]」と記している。

大澤の功績と後継への願い

「歴史の上で、『近代のいけばな』が成立するのは大正末年から昭和初期のこと[144]」といわれる。この時期、女性向け教養番組における「花」を主題とする講座は、特に草月流においてはテキストが後の基本花型の元となったことに加え、その伝播にも大きな役割を果した。そして、その伝播には、編成上の措置も反映されていたといえる。

もし『家庭講座』が9時30分からの放送のままであったとしたら、聴取可能世帯が増え続けていたとしても、家事に忙しい女性の多くは講義に接することができず、「花」を主題とする講座を聞く人（特にその対象とされていた女性たち）への到達可能性は受信契約数ほどには伸びなかっただろう。ラジオにおいて蒼風の「花」（草月流）が大きな「到達可能性」を有したのは、ちょうど蒼風がラジオに登場する時期に、家庭にいる女性たちの状況を考慮できる編成担当者がメディアの側に存在していたことも一助となったと考えられる。

大澤は、1934年、「九月までの家庭メモ編成を最後の仕事として[145]」退職する。退職にあたって大澤が雑誌に掲載した手記[146]からは、その経緯には、同年の組織改正によって編成業務における裁量の余地が縮約されたことがあったと窺われる。退職にあたっての大澤の関心事は「私の手から後任婦人の手に此仕事を渡して戴きたい[147]」ということだった。大澤は「果して放送局は後任の婦人にどれだけの権利を賦与されるか、私は自分の生活の安定を賭してまで冀（ねが）つたことであるので、去つた後までも愛宕山の此問題がひどく頭上に懸つてゐる[148]」と記した。

大澤の退職と同時に、女性向け教養番組の放送枠は、同年「秋頃に至りこれ等を整理して家事、家計等に関するものは『家庭講座』、育児家庭教育に関するものは『母の時間』、婦人の教養向上に関するものは『婦人の時間』

と改称」[149]され、『家庭大学講座』は、1934年度内に廃止[150]された。

「花」を主題とする講座は、大澤の退職以後、『家庭講座』だけでなく『婦人講座』、『婦人の時間』にも放送枠を移動しながら、編成され続けた。ラジオ草創期すなわち1925年3月22日から1937年7月7日までの間における「花」を主題とする講座は、1937年6月15日より放送開始の勅使河原蒼風による連続型講座が棹尾となる。この連続型講座の開始日は、奇しくも大澤が没した日だった。蒼風の講座は6月29日をもって終了し、その1週間ほど後の7月7日に勃発した盧溝橋事件によって放送は戦時体制の時代へと移っていく。

コラム

女性アナウンサー第一号と大澤豊子

初の女性向け教養番組『家庭講座』における大澤の前任者、翠川秋子とはどのような人物だったのだろうか。1925年6月26日付の東京朝日新聞に次のような記事がある。

> 近く愛宕山へ引移つて本放送を始める東京放送局に、きのふから男ばかりの中に紅一点の女性を加へた、といふのは東京で初めての女流アナウンサーで緑(ママ)川秋子さんといふ中年の婦人、(中略)之(これ)から「家庭講座」を担当して流行だの、料理だの、育児から家庭教育、衛生といつた放送プログラムは元より、工場に働く女工へのお話(はなし) 小ラヂオフアンのために折々おとぎ話もするといふ文字通りの八方美人だ[151]

翠川は、「日本初の女性アナウンサー[152]」とされ「女性アナウンサー第一号」ともいわれるが、手記に「放送係だけでなく講演係を兼ねてゐる」と記しており、プロデューサーも兼務していた。また、「或る婦人雑誌の編輯主任をしてゐた[153]」とも記していることから、編集の経験を生かして『家庭講座』のテキストを発行したのだと推定できる。

しかし、翠川は「1年足らずで退職」[154]してしまう。その後、「雑誌記者などをつとめ」、10年ほど後「29歳の青年と心中」[155]して世間を騒がせることとなった。

翠川が東京放送局を退職したのは、男性職員との軋轢が原因であり、口論の末、殴打されたという。翠川は、「朝早く男と自動車に同乗して歩き廻つている。いつも相手が違つた男性である。」とか「帝国ホテル、ステーションホテル、丸ノ内ホテル等から出て来るのを見かけた。」[156]などと、さまざまな中傷をされたと手記に記している。その結果、「女アナウンサーとして大分新聞に浮名を流した」[157]と書かれることにさえなった。しかし、翠川によれば、これらのことはすべて職務によるものであり、自動車に同乗したのは「講演係を兼ねてゐる関係上、時間におくれて来られては迷惑ですから自動車で自身迎へに参ります、これを同伴して山迄来るのですから、勿論毎日人は違ひます」[158]というのが真相であり、ホテルから出て来たというのは、「これは人を多く訪問する関係上、出入しないとも限りません。殊に食堂のあるに於ておやです」という理由からだった。

翠川の後継として迎えられた大澤も同様の中傷にさらされる危険を感じていたにちがいない。大澤は赴任してすぐに、それまで「迎への自動車に便乗して一々出迎へに」行っていたものを「出迎へ廃止の英断を部長に諮つて（中略）容れられた」[159]り、「当時は新聞記者の放送局に於ける優勢時代であつたので、講師の休憩室にもドシドシ侵入して来る」のを、「休憩室の扉に、使用中の札を掛けることにし」[160]たりしている。こうした行動も、翠川が退職した時の事情を慮ってのことではないかと考えられる。

時事新報社に勤めていた時のことであるが、大澤は、男性の好奇の目を避けるため便所に立つことができず困ったと記している。そのため、大澤は勤務中、一切「水分を取らないこととし」[161]家に帰ってから水をがぶ飲みした。また、入社間もなく北清事変が起こって忙しくなったが、夜の「九時にならうが、十時にならうが食事などは絶対にしたことがありませぬでした。」[162]とも記している。

1928年5月7日、大澤が、当時、まだ無名だった勅使河原蒼風と出会い、その才能を見いだしたのは、食事に訪れた千疋屋でのことだった。そ

第2章

の日は月曜日であったから、『家庭講座』の放送があり、大澤は出局していたと考えられる。男性の目がある社内では食事をしないという新聞社での習慣を、大澤が放送局でも続けていたかどうかはわからない。しかし、「朝の九時から、夕の五時までの勤務時間は、いつがひまといふ事はない」[163]激務であったから、大澤は勤務が終わったあと、ようやく遅い食事をとるために局を出て外食に向かい、千疋屋を訪れたのだろう。そして、蒼風が花展を閉めようとする瀬戸際に間に合ったことになる。この時の出会いがきっかけとなって、草月流という近代流派のラジオによる伝播が始まったのだ。当時の女性プロデューサーを取り巻く過酷な状況が紡ぎ出した偶然の糸が、放送メディアと「花」の出会いを取り結んだのである。

ラジオ戦時期および占領期の女性向け教養番組と「花」

概説 ラジオ戦時期および占領期の放送メディアと女性向け教養番組

放送メディアの劇的な変化

1937（昭和12）年7月7日に勃発した盧溝橋（ろこうきょう）事件は、昭和期の放送メディアを一変させた。この時以後、戦争の状況に応じ国民を嚮導（きょうどう）するために報道放送に最大の比重が置かれる[164)]ようになり、放送は戦争遂行の一手段となっていくからである。9月には内閣に情報部が設置されて、放送への統制が強化される。報道番組や教養番組だけでなく、ラジオドラマなどの慰安番組にも「時局」すなわち戦時下の社会情勢は色濃く反映され、「国策の方向に導こうとする“教化性”[165)]」が求められた。1939（昭和14）年以降、すべての番組の企画・編成は情報部の指導によっておこなわれるようになり、1940（昭和15）年12月には、内閣情報部を拡大強化して内閣に情報局が設置され、日本放送協会の指導・監督をおこなうようになった。翌1941（昭和16）年12月、日本はアメリカ、イギリスなど連合国との戦争に突入し、緒戦こそ勝利を収めたものの、1942（昭和17）年半ば以降、戦局は逆転し、次第に敗色が濃くなっていく。この間、放送は、厳しい統制下にあって自主性を喪失し、絶望的な戦局の実態を伝えることはまったく不可能だった。

1945（昭和20）年8月、玉音放送によって、国民に戦争の終結が告げられ、膨大な犠牲を出した戦争は終わった。日本は連合国軍によって占領されたが、実質的にはアメリカの単独支配下に置かれ、マッカーサー麾下（きか）の連合国軍最高司令官総司令部（General Headquarters, the Supreme Commander for the Allied Powers 以下GHQ）によって間接統治された。GHQ は、占領の成否の鍵は新聞、出版、映画、放送などの言論・報道機関を活用して、占領政策を日本人に浸透させることにあるとし、CIE（民間情報教育局）を設置して、厳しい統制をおこなった。放送に対しては、同年 9 月に「日本に与ふる放送準則（ラジオコード)」が布告され、10 月には、内閣情報局に代わり、CCD（民間検閲支隊）が事前検閲をおこなうようになった。戦時期の情報局に代わって、占領期では GHQ が日本における放送メディアの新たな監督者となったのである。

CIE は、番組と番組の間に切れ目が無い「全日放送」、15 分をひとつの番組単位とする「クォーターシステム」、番組と番組の間に簡単な告知を放送する「ステーションブレーク」や「スポットアナウンス」といったアメリカ式の放送態様を日本の放送メディアに持ち込んだ。また、「聴取者参加番組」や「ディスクジョッキー」といった、それまでの日本には無かった種類の番組を導入した。

その指導は演出にも及び、CIE のクーパーは、ドラマ担当者に各部門の番組について、マイクの扱い方、ハンドシグナルの出し方、台本の作り方を含む演出技術の全般を指導し、同じく CIE のケイはニュース、解説などの担当者にラジオニュースの書き方、編集の方法を講義したという。

番組の内容も劇的に変化し、新たな放送枠が次々に設けられた。それらの中には、『のど自慢』や『街頭録音』のような聴取者参加番組、『政見放送』や『放送討論会』のような政治番組、『話の泉』、『二十の扉』のようなクイズ番組、音楽とドラマが組み合わされたショー番組としてのバラエティーである『私は誰でしょう』、『陽気な喫茶店』、『愉快な仲間』など、新たな番組ジャンルを確立したものが含まれる。そして、それらの多くが、GHQ の下部組織である CIE によってもたらされたアメリカ商業放送の手法によるものだったのである。放送の態様と番組の形式において、今日まで続く日本の放送の基礎は、この時に形成されたといえる。

一方、CIE は占領目的をかなえるために、『インフォメーションアワー』など「民主主義思想の啓発」を目的とした放送枠の編成も指示した。こうした数々の施策があいまって、「精神的に、文化的にアメリカに依存し心酔する」[166] 風潮が生じたという評もある。

この間、1947 年に、GHQ は、日本における商業放送（民間放送）の設置を認める方針を示し、1951 年 4 月には予備免許が与えられて、「公共放送と商業放送の並立という世界でもまれな形式による放送」[167] が昭和期の放送メディアに形成されることになった。

女性向け教養番組の縮減と増大

このように、日本の放送メディアはラジオ戦時期から占領期にかけて、劇的な変化に見舞われた。それは、女性向け教養番組においては、戦時期における放送枠の縮減と占領期における一転した増大という転変をもたらした。

大澤の退職後、女性向け教養番組の放送枠は、数次に渡って再編され、1939（昭和 14）年からは『家庭の時間』と『婦人の時間』の 2 番組体制となった。[168] 次いで、1940 年度には、『家庭婦人の時間』が設置[169] された。また、同年度には、「食糧増産の一端を荷ふ蔬菜園芸をもっぱらとする」[170]『家庭園藝の時間』も『年鑑』の「家庭・婦人の時間」の項目に記載された。

番組の主題についても 1938 年度に、

> 事変下に於ては、先づ家事担当者としての婦人の立場が重要視され、消費節約、貯蓄等の時局経済への協力、物資不足に対処する代用品知識、廃品回収から、特に銃後隣保活動に於ける婦人の任務等が強調され母性としての正しき時局認識、戦病勇士遺家族の更生問題、銃後保健問題等が主要なる問題であつた。[171]

というように、戦時体制への適応がおこなわれた。

更に翌1939年度には、

> 家庭問題としては「節米」「代用食」等食料問題を各権威者に依り物資上或は栄養上より繰返し説かれると共に具体的には料理放送に紹介し共同炊事の普及への途も講じられた。物資統制に応じては「物資統制と家庭生活」を、横溝想恵其他商工省当時者より、「家庭燃料講座」は南農林技師其の他より等々、時局生活の強化と歩調を合せる講座は多い。[172]

と、食糧や燃料等の物資の欠乏と節約を訴える主題が編成された。

こうして、戦時期の女性向け教養番組は、草創期の理念を失いつつあったが、[173] 1941年12月にアメリカ、イギリス等との戦争が始まると、その流れは決定的となった。

開戦と同時に、放送は「原則として東京発全国中継放送だけに制限」[174] されるなど統制が強まり、「番組編成の基本方針は、新聞・出版など他のマスメディアの場合と同じく、政府の言論報道統制の方針に従い、戦況報道と世論指導を二つの柱として人心の安定、国民士気の高揚を図ること」[175] とされた。その結果、「従来の昼間の家庭人向放送の時間も、戦争勃発と同時に戦時態勢に改編され、新に(ママ)『戦時家庭の時間』として、開戦翌日より午前十時半及午後一時半からの時間に放送、婦人の戦時意識の昂揚と家庭生活の戦時態勢化を圖つて積極的活動」[176] をする場[177] となったのである（ラジオ草創期から戦時期にかけての主な女性向け教養番組の変遷は巻頭図1を参照)。

家庭にいる女性に対し、文化の機会均等をおこなおうとした放送開始時の理念は、ここに至って瓦解したとみなすことができよう。

1945年8月15日、玉音放送によって国民に戦争の終結が告げられ、その後、日本はアメリカを中心とする連合国軍の占領下におかれることになる。この占領期において、女性向け教養番組は一転して増強され、1945年度に『婦人の時間』、1947年度に『主婦日記』[178]、1948年度に『メロディーにのせて』、『勤労婦人の時間』[179]、『私の本棚』[180]といった放送枠が相次いで設置された。

その後、1950（昭和25）年に勃発した朝鮮戦争の特需景気によって日本経済は不況を脱し、鉱工業生産は1950年代始めには戦前の水準に達する。1951年には日本国との平和条約（サンフランシスコ平和条約）が調印され、翌年4月28日、条約が発効して日本は独立国家としての主権を回復した。

この時期に女性向け教養番組（婦人番組）は、更に拡大された。すなわち、従来からの放送枠に加え、『若い女性』[181]、『女性教室』[182]、『明るい茶の間』[183]といった放送枠が、1950年から1951年にかけて新設されたのである。（ラジオ戦時期から占領期にかけての主な女性向け教養番組の変遷については巻頭図1を参照）。

俯瞰すれば、戦時期および占領期の女性向け教養番組は、戦時期には削減された放送枠が、占領期には拡充されるという対比を示している。

3.1 戦時期および占領期における「花」の放送

戦時期と占領期の対比

ラジオ戦時期において、「花」を主題とする講座は、『家庭講座』、およびその後継番組である『婦人の時間』、『家庭婦人の時間』、『戦時家庭の時間』で編成された。ラジオ占領期においては、『婦人の時間』と『主婦日記』および1950年に新設された『女性教室』で編成された。

これらの女性向け教養番組において、「花」を主題とする講座は、通算して足かけ15年の間に29本が放送された。

ラジオ戦時期および占領期を通観して、この期間での女性向け教養番組における「花」を主題とする講座の年度ごと放送本数推移を図5に示す[184]。

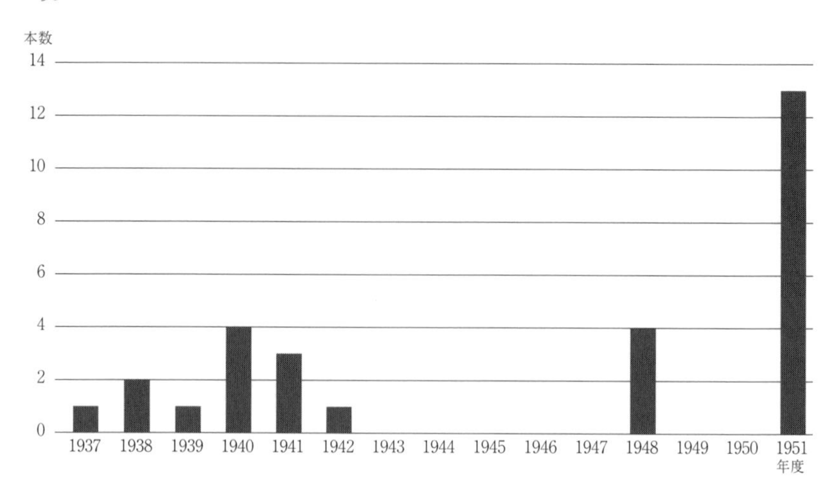

図5　ラジオ戦時期および占領期における「花」を主題とする講座の年度ごと放送本数（1937年7月7日〜1952年4月28日）

図5に示したように、ラジオ戦時期および占領期においては、「花」を主題とする講座は、戦時中の1943年度から戦後の1947年度まで、放送がおこなわれなかった空白期間がある。また、1949年度、1950年度にも放送がなく、図には示していないが1952年度にも放送されていない。

1943年度から1947年度までの空白は、ちょうど戦時期と占領期の間に発生している。「花」を主題とする講座の放送本数は、戦時期が計12、占領期が計17である。

戦局の悪化にともない、1945年度は番組が簡略化されたことから、戦時期を1937年度（ただし、本数の計上は1937年7月7日以降）から1944年度までとし、占領期を1945年度（ただし、本数の計上は1945年8月15日以降）から1951年度までとして、両者の年度あたり平均本数および標準偏差を算出すると、ラジオ戦時期は、平均1.5（小数点第2位四捨五入・以下同）、標準偏差1.3、ラジオ占領期は、平均2.4、標準偏差4.5となる。

両期に先立つラジオ草創期においては、女性向け教養番組における「花」を主題とする講座は足かけ13年で99本であり、年度あたり平均本数は、7.6であった。このことに比すると、ラジオ戦時期および占領期の平均本数は、それぞれ草創期の五分の一および三分の一程度に落ちこんでおり、戦時期、占領期ともに草創期よりも放送は低調だったといえる。

なお、ラジオ戦時期および占領期の通算では、放送本数平均は1.9となる。年度あたり放送本数の標準偏差は、3.3である（ラジオ草創期と計測期間を揃えて、ラジオ戦時期および占領期のうち1937年度からの足かけ13年について算出すると平均1.2、標準偏差1.5となる）。

放送の頻度について、ラジオ草創期とラジオ戦時期および占領期を比較すると、ラジオ草創期においては、年度によって本数の差はあるものの、空白年度は無く毎年度欠かさず編成されていた。一方、ラジオ戦時期と占領期は空白期間を有し、特に占領期は放送された年度が２しか無く、頻度の差は大きい。

連続型講座の規模の点では、ラジオ戦時期と占領期はそれぞれ特徴を有している。連続型講座の回数によって２～５回を小規模、６回以上を大規模とすれば、調査期間における計29本の放送のうち、１回のみの単発型講座が９、連続３回と４回という小規模な連続型講座がそれぞれ１、連続13回という大規模な連続型講座が１ある。このうち、小規模な連続型講座はいずれも戦時期に属するのに対し、大規模な連続型講座は占領期に属している。

これらのことから、ラジオ戦時期と占領期の女性向け教養番組における「花」を主題とする講座を、放送本数、平均および標準偏差、連続型講座の規模という観点によって対比すれば、表３のようになる。

表３　ラジオ戦時期とラジオ占領期における「花」を主題とする講座の比較

時期	期間	放送枠	放送本数	平均／標準偏差	連続型講座の規模
戦時期	1937年７月７日 ～1945年８月15日	家庭講座 婦人の時間（旧） 家庭婦人の時間 戦時家庭の時間	12	1.5／1.3	小規模
占領期	1945年８月16日 ～1952年４月28日	婦人の時間（新） 主婦日記 女性教室	17	2.4／4.5	大規模

以下、ラジオ戦時期および占領期における女性向け教養番組について、「花」を主題とする講座を事例として、まず戦時期、続いて占領期の編成を分析し、特徴を考察する。

3.2『家庭婦人の時間』における特別編成と『戦時家庭の時間』

特別編成とその反響

戦時期における「花」を主題とする講座の放送について、1938年度の計3本と1939年度の1本は、勅使河原蒼風、中山文甫、安達潮花という家元（華道家）たちが担当した、いずれも1回限りの単発型講座である。その内容は副題によれば、「春」、「初秋」という季節性を主旨とした講座が2、「活け方」、「水揚げと活け方」という入門性を主旨とした講座が2であり、ラジオ草創期のような、入門性を主旨とする連続型の講座は放送されていないとみなすことができる。

当時の女性向け教養番組における編成方針は、「特に銃後隣保活動に於ける婦人の任務等が強調され母性としての正しき時局認識、戦病勇士遺家族の更生問題、銃後保健問題等が主要なる問題[185]」とされており、戦時体制に順応したものだった。「花」を主題とする講座の放送が、盧溝橋事件勃発以前に比して低調となるのは、こうした編成方針を反映したものと考えられる。

ところが、1940年度になると、「花」を主題とする講座の放送は勢いを取り戻し、連続4回という小規模の連続型講座が編成されている。その内容は副題によれば、「初夏のいけばな」であって、連続型でありながら季節性の濃いものとなっている。ラジオ草創期にあった、連続型＝入門性、単発型＝季節性という類別は、ラジオ戦時期では曖昧になり、ラジオ草創期の面影は無い（ラジオ草創期からラジオ戦時期にかけての女性向け教養番組における「花」を主題とする講座の類型については巻頭図3を参照）。

この季節性を主旨とする連続型講座が編成されたのは、都市放送においてだった。都市放送とは第二放送の呼称を改めたもの[186]である。

都市放送、すなわち、第二放送を実施していたのは東京、大阪、名古屋の大都市3局のみで、カバーエリアが限られていた。第二放送の聴取可能世帯は第一放送の五分の一から四分の一だったという推定もあり[187]、第二放送は第一放送に比して、その影響力は小さかった。盧溝橋事件以前のラジオ草創期を含め、それまでの「花」を主題とする講座の放送は、すべて第一放送（1939年以降1945年8月までの呼称は全国放送）において編成されていた。このことからすれば、1940年に、「花」を主題とする講座の放送が、第二放送（当時の呼称では都市放送）において編成されたことは特異な現象である。

この連続型講座の編成について、当時の資料は次のように記している。

> 五月より、都市放送にて午後一時より一時三十分まで、家庭婦人の時間を特設し、毎日連講の講座式として放送したるは、時間の関係もよく、形式内容も喜ばれて好評を博し、テキストも発行した。（中略）放送内容は、「現代作法常識」「文学鑑賞」等より、「生け花」「琴のお稽古」等の趣味、さては「時局向の裁縫」「料理」「編物」「家庭看護の手引」より「育児の手引」等に及び、時には「時事用語解説」に新知識を与へるなど、女学校を出た若い女性、家を持ちたての若奥様等に向け、四、五回位の連続にて、懇切に根本的の常識を与へた[188]。

「花」を主題とする連続型講座は、都市放送に『家庭婦人の時間』を「特設」して実施されたものだったのである。

1942年版の『ラジオ年鑑』には、1940年度に受け付けた投書についての記述に次の一節がある。

> 番組編成基準の改変が行はれその反響は概して良好であつたが、時局を余りにも強調し稍(やや)行過ぎた点に対して、多少の難色が無いでもなかつた[189]。

「時局を余りにも強調し稍行過ぎた」ことへの反発（文中では「難色」）が

相当程度あったことを物語る表現である。次の資料は、女性向け教養番組にではなく、娯楽番組（当時の用語では「慰安放送」）に対して寄せられた投書ではあるが、そうした国民感情の一端を窺うことができる。

「近ごろ、世間に笑ひが乏しくなつた様に思ひます。笑つてゐる時ではないともいへませうが、一日に一回ラジオを取り囲んで家中のものが笑ふことはむしろ益々必要と思ひます。たゞしわざと笑はせる様なものでなくしたいと思ひます[190]」

この記事には、「慰安方面に於ける代表的代弁として」この「一文を掲記して置く」という注記が付されている。

少し後の時期の記録ではあるが、日本放送協会の機関誌『放送研究』の「反響」欄にある「真向から覚悟を要請する押しつけがましさが一般大衆に素直に享け入れられぬことは既に我々のよく知る所である[191]」という記述も、当時の編成担当者の心境を窺わせるものである。

こうした国民感情や編成担当者の心境を背景として「特設」された『家庭婦人の時間』は聴取者から好評をもって迎えられた。当時の記録には、「形式内容も喜ばれて好評を博し[192]」、「教養関係に於ては、都市放送に於ての家庭婦人の時間、早朝講演、水曜講話、五百万突破特輯講演『紀元二千六百年を顧みて』の特輯講演等に好反響があつた[193]」と記されている。

この結果を受けて、担当者は、『家庭婦人の時間』を「全国放送と改めたく希望しつゝあつたが、遂に十六年四月の時間改正に考慮さるゝに至つた[194]」。こうして、『家庭婦人の時間』は全国放送となり、1941年4月17日から19日まで連続3回の「花」を主題とする講座が編成された。この時の出演者は、『番組確定表』には有川ひさえと記されており、園芸学者として知られ、有川創花会を開いた有川ヒサエだったと推定される。

戦争と「花」

しかし、全国放送に進出を果たした後の『家庭婦人の時間』の寿命は短かった。この年、すなわち、1941年12月にアメリカ、イギリス等との戦争が始まると、「戦時下放送の果すべき重大使命たる国策の徹底、人心の安定、国民士気の昂揚を番組全般の根本方針とし、この方針を力強く一本に徹底させるため、（中略）比較的不急の番組は悉く廃して番組全般を国家目的に帰一せしめた」[195] 結果、「家庭、職場、幼児、学校放送、小国民、等の各対象放送に於ても、その悉くが大東亜戦争の一大国家目的完遂に資する内容に限られ」[196] ることとなったのである。

『家庭婦人の時間』は『戦時家庭の時間』と改編された。その理由は当時の資料に次のように記されている。

> 国のあらゆる力を動員して戦ふ総力戦下、国民の私生活も当然に戦争への帰一を要求せられるのであり、その主たる担務者たる婦人の意識を昂揚し、生活の隅々までをも完全なる戦時態勢に導き込むことは、不可欠の要件である。「戦時家庭の時間」の狙ひも当然こゝにあつた（後略）[197]

『戦時家庭の時間』には、「必勝の経済生活」[198]、「隣組の決戦態勢」[199]、「米英的な生活の清算」[200] といった主題の講座が並んだ。また、「物の不足が今日の家庭婦人の一番の悩み」[201] となっていることから「『戦時家庭の時間』で最近配給の塩、味噌、醬油等の使ひ方」[202] が放送された。

「花」を主題とする講座は、『戦時家庭の時間』においても1942年5月22日に「働く人と活け花」が単発型の講座として編成されている。副題に「働く人」とあるのは、戦時下において一家の働き手だった夫を失って仕事に出ざるをえなくなった女性のために、「近時急激に増加せる職業問題を採り上げ『婦人の為の職業案内』、『婦人の職場通信』等の連続講座『中年婦人の職業』『職業婦人の衛生』等の単講を入れた」[203] 編成方針と呼応したものと考えられる。

この「働く人と活け花」が放送された翌月に生起したミッドウェー海戦を契機として、戦局は悪化し、日本は敗戦と占領への途をたどることになる。そして、この放送を最後として「花」を主題とする講座の放送は途絶し、以後、足かけ7年の空白期に入る。

3.3 日本放送協会初代婦人課長・江上フジと『婦人の時間』

「婦人番組」の隆盛

1945（昭和20）年8月15日、玉音放送によって国民に戦争の終結が告げられ、その後、日本はアメリカを中心とする連合国軍の占領下に置かれることになった。「占領統治の実態がアメリカ軍による単独監理であったことから、言論表現の自由は、アメリカの世界政策に直接・間接に寄与するようなものであるかぎりにおいて、過去の禁制が打破されることが許容され、かつ奨励された[204)]」といわれている。放送史を俯瞰した時、この占領期の特徴の一つとして、女性向け教養番組（当時の用語では「婦人番組」）の強化があげられる。

その背景には、占領下日本を間接統治したGHQ（連合国軍最高司令官総司令部）の指令があった。「GHQから出された日本の民主化に関する各種の指令は、番組の企画編成のよりどころ[205)]」となっており、GHQが発したいわゆる五大改革指令では、その筆頭に婦人の解放があげられていたからである。

放送においてもこの大方針を実現するべく、『婦人の時間』を始めとして『主婦日記』などの女性向け教養番組が次々に編成された。この時、女性向け教養番組の責任者として抜擢されたのが、女性プロデューサー江上（えがみ）フジである。江上は、1911（明治44）年に生まれ、1941（昭和16）年に日本放送協会に入局し[206)]、こども向け番組を担当していた。GHQの下部組織として日本における放送の番組管理を担当したCIE（民間情報教育局）は、江上について「有能なプロデューサーがみつかった[207)]」と評している。江上は、1945年10月に再開されたばかりの『婦人の時間』を担当することになった。その時の抱負を江上は、「日本女性の解放のお手伝ひをすること、真のお友達になることの一語でつきると思ふ[208)]」と記している。

江上は、「昭和二十三年十二月、NHKの業務組織内に婦人課が新しく設置され[209]」た時、その初代課長となった。そして、その「前後から、婦人向け放送の内容は急激に多彩と[210]」なった。1948 年度の編成を記録した当時の資料には、社会放送や教育放送と並んで婦人向放送という分類が別に設けられ、『婦人の時間』、『主婦日記』、『メロディーにのせて』[211]、『勤労婦人の時間』[212]、『私の本棚』[213] という五つの番組が挙げられて[214]一つのジャンルを形成している。

翌 1949 年度のラジオ第一放送における放送時間量の部門別比率[215]では、「婦人（番組）部門」が 8.96％を占めるに至った。

これらのうち、1947 年７月から放送が開始された『主婦日記』は、「家庭生活の合理化を図る実用番組[216]」と位置づけられた。実用を旨とすることから、『主婦日記』は、ラジオ草創期の女性向け教養番組における『家庭講座』に対応するとみなすこともできるが、講師のいない番組であり、『家庭講座』に比すると、その構成は簡素である。

一方、『婦人の時間』は、ラジオ草創期の同名番組とは異なり、「政治・経済・社会・文化の諸問題を扱う民主化教育」に「もっとも重点が置かれた[217]」番組であり、その主軸は「政治的な啓蒙[218]」にあった。

占領と「花」

「花」を主題とする講座は、これら番組群のうち、「実用性」を旨とする『主婦日記』で３本、「政治的な啓蒙」を旨とする『婦人の時間』で１本の計４本が 1948 年度に放送された。いずれも単発型の講座である。

その内容は、まず『主婦日記』では、３本の副題に「秋の」、「正月の」、「春の」という語があることから、いずれも季節性を主旨としていたことになる。ラジオ草創期にあった、連続型＝入門性、単発型＝季節性という類別は、戦時期では曖昧になったが、占領期の『主婦日記』では、二つの類型のうちの片方、すなわち、季節性を主旨とする単発型のみが編成されたことになる（ラジオ草創期から戦時期を経て占領期に至る類型の推移は巻頭図３〈p. 10〉を参照）。

『主婦日記』の出演者には、３本のうち２本に勅使河原蒼風の名があるが、いずれも「（提供）」と注記されている。したがって、蒼風は、資料あるいは原稿を提供したのみで実際の出演は無かったと考えられる。

一方、『婦人の時間』では、副題に記された内容は、「華道について」という漠然としたもので、出演は、研究者の西堀一三（にしぼりいちぞう）である。

占領期には、女性向け教養番組に力が入れられたにも関わらず、「花」を主題とする講座は戦時期と同様に低調である。

その一つの理由として、この期においてもなお戦時期と同等あるいはそれ以上の生活難が続いていたことが挙げられる。

1945年12月5日に放送された「座談会」の題目は「今後六ヶ月をどうして食べるか」だった。この時期には、その他にも、「『いなごの食べ方』『冠水芋の利用』『青空市場をめぐって』『鰯一ぴきの栄養』『家計簿に現われた闇生活』といった番組[219]」が放送された。また、1948年7月14日には「稲と甘藷の作付面積調査について　里芋や甘藷の手入」が、1949年3月12日には「ジャガ芋の育て方と手入」が放送された。勅使河原蒼風は、戦争中、「花をいけるよりは芋を作れ」といわれた[220]と回想しているが、そうした状況は戦後も続いていたのである。こうした社会状況も、占領期における「花」を主題とする講座の低調をもたらした要因と考えられる。

しかし、「花」を主題とする講座の編成が少ない理由は、当時の女性向け教養番組の編成方針にも求めることができる。

この期における女性向け教養番組の中核は、1945年10月1日に再開された『婦人の時間』だった。『婦人の時間』は、「日曜を除く毎日、第一放送午後一時から六〇分の総合番組で（中略）番組編成の形式は、ニュース・話・対談・座談会・討論会・メモ・ドラマ・音楽などが、総合的に編成され[221]」る、大がかりな構成の、いわゆる総合番組だった。

この『婦人の時間』において、「花」が採り上げられたのは、1949年3月の「華道について」1回しかみあたらない。しかも、この「華道について」は、いくつかのコーナーで構成される総合番組である『婦人の時間』のメインコーナーではなく、4番目のコーナーで採り上げられたにすぎなかった。

女性の解放と『婦人の時間』

この占領期における『婦人の時間』は戦時期におけるそれと同名であっても、また、対象聴取者層も同じく「家庭婦人[222)]」であっても、その性格は異にした番組だった。占領期における『婦人の時間』は、「民主日本の再建、一般婦人の政治的、社会的、文化的水準を昂め、封建性を脱却させることに重点が置かれ、戦時のそれとは凡ゆる意味で性格を一変した[223)]」番組だったのである。担当プロデューサーに任命された江上は、「終戦後の『婦人の時間』」と題した記事に次のように記している。

> 女性の解放とは何か。それは女性各自が自己を発見することであらうと思ふ。人間性の探求とも云ひ、平たく云へば自分が真に幸福であるか不幸であるかを真けんに知ることである。自分を広く社会に結びつけ、自分の幸福が人類永遠の幸福にまで発展させることである。日本婦人の不幸は自己の不幸をすら認識しないところにあつた。なるほど忍従の精神も貴いが、これが永遠の幸福につながつてゐたかどうか。この女性解放と云ふ大切な仕事を遂げるために、この自己の発見をするお手伝ひをするために「婦人の時間」が必要であり、これはまた婦人の時間の企画の方針で(ママ)でもある[224)]。

『婦人の時間』は、GHQの下部組織であるCIE（民間情報教育局）の強力な指導のもとにあり、その主題の選定もCIEの指導下にあった。CIEの日報には、1945年11月8日の項に「CIE企画課、『婦人の時間』についてラジオ課と打ち合わせ[225)]」という記録がある。

そこには、

a．『婦人の時間』放送に先立ち内容と出演者を点検
b．婦人が直面する問題解決のためラジオを活用すること
c．できるだけ多くの、それも若い婦人を番組に登場させること

第3章

という指示が記されている[226]。

その主題は、「第一に民主主義思想の啓発が重点としてとり上げられ、次いで政治キャンペインに力が注がれた。(中略) 例をあげると、『思想の自由』『封建制度と民主主義』『婦人と自由』『私たちと政治』『男女共学事始め』『公娼廃止』『各党の政策をきく』『新憲法草案の解明とその批判[227]』」などだった。ここでいう「キャンペイン」とは、当時の資料によれば、「もともと軍隊用語の『城砦を攻略する』という意味であり、これが平時は政策的に、或は計画的に公共のための色々の働きかけになって、相手に内容を理解させ納得させると共に、大いに関心を高めて世論を醸成したり、行動させたりすることを意味して[228]」いた。宮田 (2015) は、「キャンペーン項目は“キャンペイン・シート”という文書の形でCIEからNHKにいわば下げ渡された。占領政策と結び付いた諸項目が記された“キャンペイン・シート”は“至上命令的な圧力”を持っていたという[229]」と指摘している。この点においては、占領期の女性向け教養番組は、戦時期同様の思想教化の場となっていたといえる。江上は、後にこの当時を回顧し、「GHQの方針は日本の民主化はまず婦人と農民の解放から、その教育こそ重要であると考え (中略) 教育性を大変強く要求しました[230]」と記している。そして、「敗戦という複雑な現実の中で、与えられた自由を、与えたものの息のかかった教育 (中略) を、大衆が手放しで素直に受け入れるか、(中略) 一方的で押しつけがましいという印象を与えはしないだろうか[231]」というためらいもあったと付け加えている。

当時の番組制作担当者だった川崎正三郎は「CIEは、全国の放送局のすみずみにまで、よくにらみをきかせていたし、個々の番組は、お姑さんに箸の上げ下しまで監視され、干渉される嫁のように、スクリプトの書き方から、演出上のこまごまとした御注意まで、つまり、プラン以前から放送後まで、完璧につかまれていた[232]。」と記している。また、江上は、「“婦人の時間”の十年」と題した手記で「戦前には逓信省、戦時中は情報局、戦後はCIE[233]」という具合に「何時の時代にもお目附役が存在し[234]」ていたと述懐している。戦時期と占領期における放送メディアは、軍国主義と民主主義と体制は異なるものの、同様に監督機関の強い掣肘(せいちゅう)を加えられていたのである。

そうした状況下にあっても、江上を始め当時の担当者たちが女性向け番組の制作に真摯に取り組んだことはまちがいない。また、CIE の女性情報官に抗って、『婦人の時間』においてバルザックの「谷間の百合」やイプセンの「人形の家」を放送しようとした[235]ことからもを窺えるように、江上は、けっして、芸術や文化を軽視していたわけではない。「婦人の時間の音楽が清純な雰囲気を作り、詩や物語や劇で心を緩め、（中略）子供連れで外出の叶(かな)はぬ人々を劇場に案内し、しばし日常の難事を忘れ得るならばそれもよしと肯定したい[236]」とも記している。ただし、「戦後法律的に婦人解放が行われ、婦人問題の解決が日本の民主化のバロメーターのように思われている時、一般に婦人啓蒙運動が盛んになったように、婦人番組も自然この面に力点が置かれるようになった[237]」ことは否めない。

江上は、「婦人向番組について」と題した一文において、「婦人向放送が現在教養放送の一部となつて」おり「教養放送はあくまで、その内容が持続的に聴取者に影響し、それがその人の知性のなかへとけこみ、未来の行動へも働らきかけるものである」と記した上で、「今日ほど人類の永遠の幸福を見失わない良識を女性に要求しているときはありません。それは、女性が、正しくきく耳と正しくみる眼と、正しくいう口と正しく動く手を持つことのできる教養を身につけることであり、婦人向放送もまたこれにこたえるものでなければならない[238]」と、自身の方針を述べている。筒井（1995）は、「教養」は単なる「教化」の道具ではなく、「哲学・歴史・文学など人文学を主に習得することによって身についてくると考えられるところ[239]」の「人文的教養」であり「人文的教養を身につけていくことによって人は人間についての理解を深め、人生や運命についての洞察力を高めていくとされる[240]」ものという考え方があると記している。そうした考え方に通じる理念を、江上は抱いていたといえるだろう。大澤が女性たちが「高級な常識を涵養(かんよう)し得る」ことを『家庭大学講座』の設置目的としたことと照応すれば、江上はまさに大澤の後継者でもあったといえる。そしてまた、女性向け教養番組の系譜においては、占領期の『婦人の時間』は、草創期の『婦人講座』や『家庭大学講座』に連なる系譜のものだったともいえよう。

「CIEの監理下で注目すべきは、婦人のための番組に力を入れること、政治に対する関心を高めること、この二点はたしかに有益なものであったと断言し得る[241]」という評価も存在する。しかし、そこには、「花」を主題とする講座のような、日本文化の伝播を主眼とする番組が編成される余地は小さかった。

占領期において、女性向け番組が強化拡充されたにも関わらず、「花」を主題とする講座の放送が低調だったのは、女性向け教養番組に対する編成方針によるものでもあったのである。

この状況は、1950年の朝鮮戦争勃発とその後の経済復興に伴って、変化する。

3.4『女性教室』の新設による「花」の復活

「インフォメーション」から「ホーム・メイキング」へ

朝鮮戦争の特需景気によって日本経済は不況を脱し、鉱工業生産は1950年代始めには戦前の水準に回復した。この間、「昭和二十五年になると、講和条約締結の機運が高まり、CIEも、徐々に放送の指導や監督をゆるめていき、番組の細部はしだいに担当者に任せられることに[242]」なった。当時の編成方針について、「NHKの婦人向け番組は、婦人が政治・社会の諸問題についてみずから学び、考えて行動するのに役だつことと、生活技術を中心とした実用的知識を豊かにすること、この二点に重点を置いた[243]」とされている。

1950年度には新たな女性向け教養番組の放送枠として『女性教室』が設置された。この『女性教室』新設の意図について、当時の資料は次のように記している。

> 新旧9種目、放送時間の約7.6%を占める婦人番組は、今まで番組編成にあたって、常に強いインフォメーションの線を離れることが出来なかった。しかし、漸く作られた婦人の受入れの態勢及び素地に対して、

すべての番組をあげて、（中略）日常生活の問題を1つ1つ取り上げて行く機会を得た。新番組『女性教室』は、ホーム・メーキングの基本的な問題と取組み、（中略）今後の課題にふさわしく、非常な抱負の下に出発したことはいうまでもない。[244)]

この記述にある「インフォメーション」とは、当時の放送用語であり、単に「情報」という意だけではなく「教化」の意を帯びている。1952年当時の日本放送協会社会部長だった片桐顕智は「インフォメーションは、情報として用いられているが、言葉として適切ではない。知しきをゆたかにすることではなく、行わないことを行わせていくちえを持つことである。[245)]」と記している。この目的を達成するために設けられたのが「インフォメーション番組」であり、それは「占領軍＝CIEの強い指導の下、“国民に徹底さすべき重要事項”の伝達を目的として、占領期に盛んに制作・放送されたラジオ番組群[246)]」だった。当時の制作担当者は、「インフォメーション番組は、聴取者の知性に訴えて、いままでのその人の考え方、または、その考え方にもとづく行動に、何らかの変化を与えることを目的とするもの（中略）つまり、単的（ママ）に言えば『お説教』番組なのです。[247)]」と記している。宮田（2015）によれば、「各番組は、目下の現実をどのように捉え、どのように考えるべきかを、占領政策に則って聴取者・国民に教示することを主な内容として[248)]」おり、「占領政策への理解・協力を訴えるプロパガンダ番組の性格を色濃く帯びていた[249)]」のである。インフォメーションとは、教養番組による「教化」を徹底する形式であるともいえるだろう。

新設された『女性教室』は、こうした「インフォメーション」の路線から離れ、ホーム・メイキング、すなわち、生活の改善を主眼とした点で、戦後復興を象徴するともいえる番組だった。その題材が「ホーム・メイキング」であることから、『女性教室』は、「家事に関する実用」を主たる題材としていた『家庭講座』の直系にあたるといえるだろう（ラジオ草創期から占領期に至る女性向け教養番組の系譜については巻頭図1〈p. 8〉を参照）。

放送時間は30分間と、『主婦日記』（15分間）の2倍であり、その構成は、

２部で成り立つ総合番組で、メインコーナーには毎回、講師が出演者として起用された。また、メインコーナーに採り上げられる主題は、原則として１か月またはそれ以上連続して講義され、テキストも発行された。『女性教室』は、ラジオ草創期の『家庭講座』全盛期におけるような女性への「文化の機会均等」を目的とする講座が編成されるべき放送枠だったのである。

放送メディアと「前衛いけばな」

しかし、『女性教室』においても、「花」を主題とする講座の放送は低調を続けた。占領期の『女性教室』では、1951 年度に大規模な連続型講座が編成されているため、講座の合計数は計 13 回と『主婦日記』（３回）の４倍強に増加している。しかし、連続型講座一つを１度と数えると、編成されたのは１度でしかないことになり、編成の度数では『主婦日記』（３度）の三分の一に減少する。

表４は『女性教室』初年度（1950 年度）各月[250)]のメインコーナー[251)]における主題の一覧である。

表４　『女性教室』初年度の主題

月	主題
4	赤ちゃんの歩くまで
5	同上
6	洋裁第一課 子供服
7	洋裁第二課 婦人服
8	同上
9	やさしい経済の話
10	編物講座
11	洋裁講座
12	洋裁講座 子供服
同	洋裁相談室
同	編物相談室
同	冬の育児相談室

この表には、開始当初の『女性教室』が扱う「ホーム・メイキングの基本的な問題」とは実用情報の提供であることが示されている。

初年度においては、４月と 12 月の育児、９月の経済を除けば、「洋裁」と「編物」が主題になっている。ラジオ草創期に、初めて『家庭講座』においてテキストを伴った連続型講座が編成された時（1925 年 11 月）、その主題は、「裁縫、手芸、生花」だった。このことから、「花」（生花）は、「裁縫」、「手芸」と並ぶ主題として位置づけられていたことが明らかである。しかし、裁縫と手芸が、1950 年に（洋裁と編物に変わってはいるが）再び採り上げられているのに対し、「花」は採り上げられていない。

『女性教室』において、ようやく、「花」を主題とする講座が編成されるのは、翌年度（1951年８月）のことである。この時、編成された「花」を主題とする講座は、連続13回という大規模なものだった。ラジオ草創期にあった連続型入門講座が、ラジオ占領期の末に至って、ようやく復活したのである（講座の類型の推移は巻頭図３〈p. 10〉を参照）。

連続型講座が復活したとはいっても、「花」を主題とする講座はこの月のメインコーナーではなくサブコーナーの扱いだった[252]。また、出演者は「勅使河原蒼風（提供）」と記されており、華道家自身の肉声による講義ではなく、『主婦日記』と同じく専門家からの提供を受けて、語り手が伝える形式のものだったと考えられる。

これらのことから、『女性教室』の初期においても、「花」を主題とする講座の放送は、戦前のラジオ草創期に比して低調であったといえるだろう。

そして、その理由は、放送の側だけでなく、「花」をめぐる情勢にも求められるのではないかと想定される。ちょうどラジオ放送の編成方針が生活重視に転換し始めた時期である1950年前後に、「花」は「前衛いけばなの全盛期[253]」を迎えていた。前衛いけばなは造形的な作品であり、映像が無いラジオでは、独創的な造形を伝えることが難しく、教授しにくいという事情が、この時期の『女性教室』において、「花」が避けられた理由の一つではないかとも考えられる。

「これまでにない聴取率」が持つ意義

それは次のことからも裏付けられる。占領期が終わった後の時期のことではあるが、「一九五五年ごろにはじまる戦後の相対的安定期は、前衛いけばなを『くらしのいけばな』にまで後退[254]」させた。そして、1955年『いけばな芸術』誌の廃刊とともに、前衛いけばな運動が終焉の時期を迎えた[255]途端に、『女性教室』において、ラジオ草創期をも凌駕する大規模連続型の、「花」を主題とする講座が編成されたのである。それは、「前衛いけばなの運動にかげりが生じてきたのは、昭和三十年あたりであったといわれるのは、この頃、戦前に比べて急激に増大したいけばな大衆の日常的ないけばなへの希求が次第に強くなってきたからである。造型的ないけばなに対する芸術的評価をしながらも、経済成長を続ける社会の中で、生活のいけばなまたは暮らしのいけばなを期待するような状況が生じはじめていた[256]」こととも呼応するものであったと考えられる。

1955（昭和30）年1月、あたかも前衛いけばな運動の終焉を待っていたかのようにして編成された連続型講座が、勅使河原蒼風による「暮しを豊かにするいけ花」である。

1951年に開催された展覧会[257]で「勅使河原蒼風の発表した作品は、造型的ないけばなの存在を前衛芸術として社会的にはっきりと認知される状況をつくりあげ[258]」、「この展覧会に現れたいくつかの蒼風作品がその後の前衛いけばな運動に強い影響を与えた[259]」と評されたとおり、蒼風は前衛いけばなの中心人物となっていた。しかし、一方で蒼風は、前衛いけばなの「木と石を使い、また建築のセメントのかけらの中に鉄棒の入ったオブジェについて、（中略）会場芸術としてはいいが、普通の家庭の中にはもってこれないとして、花を使ったいけばなとは峻別して考えて[260]」いたともいう。こうした蒼風の考え方が、前衛いけばなの旗手でありながら、家庭にいる女性向けの、実用としての「花」を講義することを可能にしたといえるだろう。

この時の講座の連続回数は20を数え、回数としては空前絶後の講座だった。この連続型入門講座に対する反響を、当時の資料は次のように記している。

> 1月勅使河原蒼風氏による「暮しを豊かにするいけ花」は平易な話術と美麗懇切なテキストと相俟って、これまでにない聴取率を記録した[261]（後略）

「これまでにない聴取率を記録」という記述は重要な意義を持つ。

先の引用には、「平易な話術」とあるが、前衛を表に出さない「花」は、ラジオに高聴取率をもたらす強力なコンテンツとして、女性向け教養番組の中核に返り咲いたのである。この時の反響の大きさは、「暮らしを豊かにする」文化の伝播こそが、当時の聴取者大衆にとって真に求められていたものであったことを示しているといえるだろう。

この「花」を主題とする講座における「前衛」と「大衆」の関係は、文化の先導と普及の関係を示す一例であると同時に、「教化」と「実用」という女性向け教養番組の二つの類別が有する、それぞれの役割に対応する関係であるともいえる。そして、それはまた、女性向け教養番組における送り手の理念と受け手の現実を象徴する事例であるともいえるだろう。

1955年以降のラジオ放送では、『女性教室』において間歇的ながら数次に渡って「花」を主題とする連続型講座が編成される。しかし、その時には既にラジオの次のメディアであるテレビが登場していた。ラジオにおける「花」を主題とする講座の本格的な再開に先んずること２年ほど前の1953年２月１日に、日本におけるテレビの本放送が始まっていたのである。

以後、「花」は、ラジオとテレビとで共に女性向け教養番組のコンテンツとして同時に扱われることになる。

コラム

江上フジとアメリカ人情報官の議論

草創期の女性向け教養番組を担当した大澤豊子と占領期以後の担当者である江上フジには直接の面識は無いと考えられる。しかし、二人は、共に、出演者への気配りの重要性を意識するなど、有能なプロデューサーとしての共通点を持っている。

江上は、大澤も関わっていた婦人参政権運動について、「我が国の婦人参政権獲得運動も三十有餘年の歴史をもつてゐるが、この求め求めてゐたものが、戦争と云ふマヒ薬に一時忘れられ、そこへ突然あつけなく不準備のうちに與へられたとは何と云ふ皮肉なことか。」[262]と記している。そうしたGHQによる「女性の解放」に江上は内実を与えようとした。

「“婦人の時間”の十年」と題された手記に、女性アメリカ人情報官とのやりとりを記した、次のような一節がある。

終戦後三年程たった頃、別の婦人がラジオの情報官になって現れた。この人は（中略）着任早々私に婦人団体の指導、会議の進め方等の放送を押しつけて来た。（中略）いかにもアメリカ式のテキストで、当時の日本の実情に即さないし、婦人大衆の興味をひかず、魅力のないものであったから、私は少し研究させてほしいと云ったところ、実はこのテキストは（中略）実際に講習して実験ずみだから自信がある。とにかく農村でも何千人の婦人が山越え野越えて集まり、興味があるかと聞いたら大変に面白いと云った（中略）直ちに実施するように、と大変強硬である。[263)]

この「押しつけ」に対し、江上は次のように「一つ一つ説明した」[264)]。

日本の婦人は戦時中に国防婦人会などというものを作り、上からの召集に大変馴れている。また自主的に意見をのべる訓練が出来ていないから、上からのお説教は悪意なく了解し、命令されれば批判もなく行動するので、軍服を着ているかスマートな服装の外国婦人かそれはどちらでもいいのであって、（中略）あなたの説得力が大変に優れていたとしてもそんなに早く解決したとは思われない、（中略）経験をうんぬんするなれば私は日本に三十幾年生活し、ラジオ番組には十数年関係している。また日本婦人を愛している点でもあなたに負けないと答えた。彼女の表情は一瞬硬直し、驚きのあまりものも云えないほどであった。[265)]

このエピソードには、江上がGHQ下部組織の威光に抵抗しつつ、日本の実情を踏まえながら真剣に女性向け教養番組に取り組んだことが示されている。

占領下の「婦人番組はすべて放送十日前に紹介アナウンスもふくめて英文で提出することになっていた」[266)]という。GHQの命令は絶対であり、反抗に対しては厳罰が課せられる可能性があっても、江上は職を賭して行動した場合もあった。[267] そして、そうした江上の姿勢が「有能である」とGHQに評価されたとも考えられる。CIEラジオ課に勤務していたフランク馬場は、「日本を去るにのぞんで」と題した一文で、「善悪の取捨選択をするに自分の度胸を以って接する人々こそ、日本の為にも、ラジオの為にも、多くの貢献をなし得ることを、（中略）夢忘れることなきよう切望している」[268] と記した。

先のエピソードには続きがある。翌日、情報官は単身、江上の席を訪れ「『昨夜は一睡もすることが出来ず、日本上陸以来あなたのようにはっきり否と云った人は初めてだが、自分はとても嬉しかった。今後はお互いに協力して婦人番組を作りましょう』と手をさしのべた」[269] のである。後に江上も「婦人番組が多少とも日本婦人の進展に寄与するところがあるとすれば、十年に遡り多分に行過ぎがあったとしても、進駐軍のその指導の効果があったことを素直に認めないわけにはいかない」[270] と振り返っている。

大澤がほとんど孤軍奮闘していたのに対し、江上は婦人課長として多くの同性の部下たちと共に仕事をしていた。江上は、苦しい時代に「良く耐え、自主性を保ち、努力をした若い女性放送ジャーナリストに、私は心から尊敬する」[271] と記している。そうした江上たちの努力は無駄に終わったわけではなかった。1955年６月、ある町での「ラジオ婦人の集い」で、「婦人の時間を聴くために野良の仕事を十二時半に切り上げて家にかけつけているという、大変行動性のある婦人指導者の幾人かに会うことができ」、「日焼けした小柄な婦人の全身からほとばしる意見の確かさを知」[272] ったのである。江上は、「涙があふれ、放送ジャーナリストの冥加（みょうが）を改めて感謝した」[273] という。

江上は、退職するまでに多くの女性を放送人として育て、後継者とした。女性向け教養番組の実質的創始者である大澤は「このよい仕事が更に新進の同性の方によつて、引継がれ、育てられて行くことを」[274] 切実に願っていた。その思いは、十数年の時を経た後、江上という傑出した後継を得て結実したのだといえよう。

ラジオからテレビへの転換期における女性向け教養番組と「花」

概説 ラジオからテレビへの転換期における放送メディアと女性向け教養番組

ラジオ全盛と放送法の成立

1952（昭和27）年、サンフランシスコ平和条約が発効し、日本は主権を回復する。この年は、昭和期放送メディアにとっても大きな画期となった。CIEその他の監督もこの年1月には実質的に無くなっていたというが、占領統治の終了にともない、日本の放送への指導も正式に終了することとなった。1950年にGHQの影響下に成立した、いわゆる電波3法の一つ電波監理委員会設立法によって設けられていた電波監理委員会が、この年に廃止され、かわりに電波監理審議会が設置されて、電波行政は、その諮問機関である郵政省が担うことになった。

この頃、ラジオは全盛期を迎えていた。1952年4月に放送が開始されたラジオドラマ『君の名は』は空前のヒットとなり、映画化されて「真知子巻き」のブームを呼ぶなど社会現象となった。また、受信契約数はこの年に1000万を突破し、アメリカ、ソ連に次ぎ、イギリスや西ドイツと比肩する規模となった。1957年度初頭には、ラジオ受信者は1450万[275)]を超え、1958年には普及率81.3％と最高度[276)]に達する。「昭和28年から30年にかけては、いわばラジオの全盛時代[277)]」だったのである。

日本放送協会は、1950年に電波3法のうちの一つである放送法に基づく特殊法人となっていた。そして、この放送法は、日本の放送メディアにおける公共放送の独占を崩し、広告収入を基盤とする商業放送（民放）の設立を認めていた。翌1951年には、中部日本放送を始め、次々に民放ラジオ局が放送を開始し、同年、日本民間放送連盟が発足した時には、CIE から講師を招いて商業放送講座を開催したという。民放各局は当初は、公共放送と同様の番組を編成しようとしていたが[278]、1953 年頃から聴取率競争が激化し、教育番組や教養番組は「片すみに[279]」追いやられていくことになった。1954 年、ニッポン放送は朝と昼の時間帯に帯ドラマを編成し、女性聴取者の獲得に成功する。

テレビの台頭

一方、アメリカでは、第二次世界大戦後からテレビが本格的に普及し、1950 年末にはテレビ受像機の所有世帯が 300 万を超えてテレビブームが生じていた。日本でもテレビを企業化しようとする動きが活発となり、1953（昭和 28）年になって、まず２月１日に日本放送協会が、続いて８月に日本テレビが放送を開始した。開始時の「テレビの普及率（世帯あたり）は僅か 0.3％で、受信機の所有者といえばほとんどラジオだけの所有者を意味していたほど[280]」だった。

しかし、テレビはその後、日本経済の成長と受信機の低価格化が相まって徐々に普及の度を強めていく。そして、1959 年に皇太子ご結婚特別放送がおこなわれたあたりから一気に普及が加速し、1963 年 12 月末には受信契約数が 1500 万を突破、「世帯単位普及率は 73.4％となり、受信機の絶対数ではアメリカについで世界第２位[281]」という「驚くべき普及[282]」を示すに至った。この間、アメリカでは、既に 1954 年に広告収入におけるラジオとテレビの逆転が生じていた。では、日本では、ラジオとテレビの地位はどのように変化したか。図６は、テレビ放送が始まった 1952 年度から 1964 年度にかけての、ラジオ/ゴールデンアワー[283]（関東）の聴取率とテレビ普及率の変化を一つにまとめたグラフである。

図に示したとおり、テレビは 1959 年頃を境として急激に普及の度を強め、1964 年度には普及率が 80％を超えるに至っている。一方、ラジオ/ゴールデンアワー（関東）の聴取率は、1952 年度の 44％から、1964 年度には７％にまで下がっている。

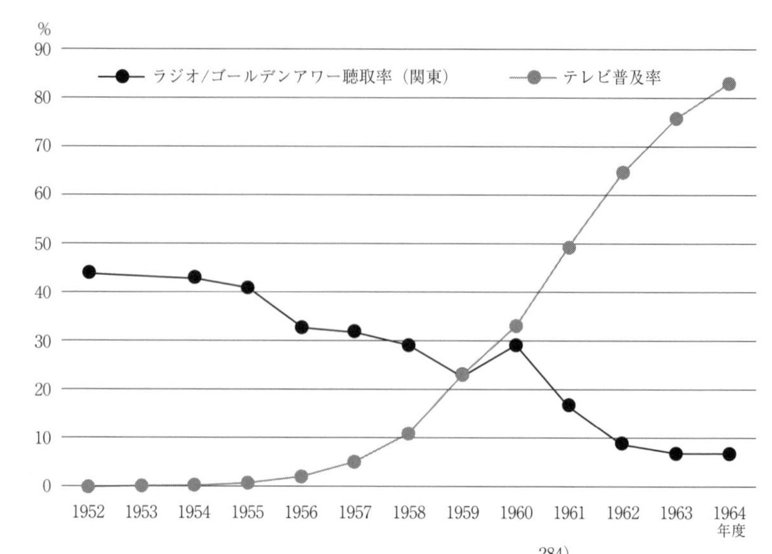

図 6　ラジオ聴取率とテレビ普及率[284)]

1965 年発行の『放送学研究』によれば、図 6 に示したようなラジオ聴取率の減少に加え、1964 年には、「夏 NHK 放送文化研究所が調査した全国テレビ所有者（中略）の 1 日あたり視聴時間が、平均 2 時間 33 分であり、全体の約 92%の人が 1 時間以上見ているという事実。なかでも家庭婦人の平均視聴時間が 3 時間 9 分に及んでいるという事実」[285)]などから、「人びとのテレビ視聴がすでにラジオ聴取にとってかわり、かつてのラジオ全盛時代に比肩するほどのテレビ接触が行なわれていることは明らか」[286)]となった。

新しいメディアへのコンテンツの供給

新しいメディアが生まれた時、そこには、コンテンツが必要となる。初期の番組は、番組制作の施設や条件が整っていないことから、中継が中心となり、日本テレビが実施した街頭テレビでのプロレスリングやプロボクシングなどの中継が人気を集めた。また、公共放送では、『ジェスチャー』など映像の特性を存分に生かしたスタジオ番組が登場した。

それでもなお、独自番組では埋めきれない放送時間に対して、テレビは映画およびラジオという先行するメディアにコンテンツの供給を求めた。

映画からテレビへのコンテンツ供給においては、日本の映画会社がテレビを脅威とみなして提供禁止の申し合わせがなされたことを一因として、コンテンツ不足に陥った日本のテレビに、アメリカ製テレビ映画が流入したことが指摘されている[287)]。

では、ラジオからテレビへのコンテンツ供給ではどうだったか。日本でテレビが始まった当時、公共放送は既に30年近くに渡ってラジオ放送を続けており、多くのコンテンツを有していた。初期のテレビでは、R-T同時と称し、『二十の扉』や『のど自慢』などの番組をラジオとテレビで同時に放送することもおこなわれた。

やがて、テレビの制作体制が整うにつれ、R-T同時というラジオの流用番組はほとんど姿を消し、テレビ独自の番組が量産されるようになった。公共放送の女性向け教養番組では、1957年度に、「機構改革でラジオ、テレビの制作部門が一体化された」結果、「ラジオ、テレビの企画実施が１つの機構の中で、協力して、それぞれのミ（ママ）ディアの特質を生かした企画内容の婦人番組を放送する体制[288)]」となった。また、1961年度の編成についての記録には、「基本的な考え方としては、ラジオ、テレビそれぞれのもつ機能的な特性を生かして番組を制作し、編成する[289)]」と記されている。

公共放送の女性向け教養番組に関して、旧メディアであるラジオと新メディアであるテレビの間では、それぞれの特性に即した番組制作と編成上の措置が図られるようになったのである[290)]。

“おとくいさま”への女性向け教養番組

一方、その対象聴取者および視聴者層はどうだったか。

1960年の「国民生活時間調査[291)]」では、「家庭婦人の場合には、正午からの一時間だけでなく、午前九時から午後五時ごろまでの昼間の時間には、他に比べて、ラジオをきいている人が多い[292)]」という結果が得られ、この時点のラジオにおいては、特に日中の時間帯で家庭にいる女性が主な聴取者だった。一方、先に記したとおり、1964年の調査では、家庭にいる女性の1日あたり平均テレビ視聴時間は3時間9分に及んでいた。[293] 更に、1965年の「国民生活時間調査[294]」では、「家庭婦人の場合、テレビをみる時間は他の職業の人に比べてかなり多かった[295]」という結果が得られている。テレビが普及する過程での主要な視聴者層は、家庭にいる女性であり「テレビの最大の“おとくいさま[296]”」と評された。1960年代前半では、ラジオとテレビとは、共に、家庭にいる女性を枢要な対象聴取者あるいは視聴者層としていたのである。

本書では、日本国との平和条約（サンフランシスコ平和条約）が発効した1952年4月28日から「テレビ視聴がラジオ聴取にとってかわった」年度である1964年度[297]末までを、ラジオからテレビへの転換期と規定している。この間、各年度の『年鑑』に記載されるラジオとテレビそれぞれの女性向け教養番組は、次のように推移した。

まず、ラジオでは、ラジオ占領期の末から放送されていた番組群に加え、1953年度には『料理クラブ』、『NHK美容体操』、『社会時評』、1954年度には『我が家のリズム』、『教養特集—ラジオ家族会議』、1955年度には『ラジオ育児室』、『新・家庭読本』、1956年度には『ラジオ家庭欄』、『妻をめとらば』、1959年度には『NHK婦人学級』といった放送枠が新設され、「ラジオの全盛時代」を現出した。しかし、これらの放送枠は、その後、次々に廃止され、1964年度には、『女性教室』、『私の本棚』、『みんなの茶の間』、『午後の散歩道』、『ラジオ文芸』の5枠となった。

次に、テレビでは、放送開始から1956年度までは『ホーム・ライブラリー』の1枠のみだった。その後、1957年度に『きょうの料理』と『婦人こどもグラフ[298]』、1959年度に『婦人百科』、『テレビ婦人の時間』、『おかあさんといっしょ』、『みんなで歌を』、『話の四つかど』、1960年度に『婦人の話題』、『回転いす』、1961年度に『美容体操』、『婦人学級』、1963年度に『くらしの窓』、1964年度に『季節のいけばな』、『お茶のすべて』、『絵画・書道』などが次々に新設された。これらの放送枠のいくつかは早期に終了し、1964 年度には、『婦人百科』、『きょうの料理』、『婦人の時間』、『美容体操』、『婦人学級』、『くらしの窓』、『季節のいけばな』、『お茶のすべて』、『絵画・書道』の９枠となった。

この間、「花」を主題とする講座などの文化伝播を旨とする放送枠は、ラジオとテレビとで、共に編成され続けた。

4.1「花」におけるラジオとテレビの棲み分け

放送時間帯の分布

図７に、ラジオからテレビへの転換期において、「花」を主題とする講座が編成された放送枠の系譜を示す。

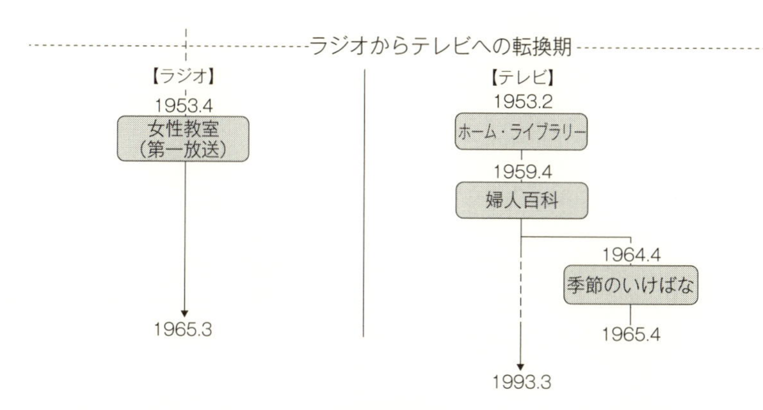

図７　ラジオからテレビへの転換期において、「花」を主題とする講座が編成された放送枠の系譜

図に示したとおり、この時期には、ラジオでは『女性教室』[299]、テレビでは『ホーム・ライブラリー』、『婦人百科』、『季節のいけばな』といった放送枠が並立している。ラジオでの「花」を主題とする講座を編成した女性向け教養番組『女性教室』は、1950年度に第二放送において新設されたが、テレビ放送開始後の1953年度に第一放送に移設された。少し前の時点での調査ではあるが、1951年8月には、受信家庭の95%が第一放送を聴いており、第二放送にダイヤルを固定している家庭は1%に過ぎなかったという[300]。ラジオ黄金時代のさなかに『女性教室』が第二放送から第一放送に移設されたことは、この放送枠がそれまでよりも多くの聴取者に訴求するものとして扱われたことを示しているといえる。一方、テレビでは、「花」を主題とする講座を編成した女性向け教養番組は、『ホーム・ライブラリー』から『婦人百科』を経て『季節のいけばな』へと変遷した。これらの放送枠では、ラジオとテレビとで、同じ「花」という主題を扱っていたため、編成および番組内容において、なんらかの措置が図られていたと想定される。

図8に、1950年度から1964年度までの期間における、「花」を主題とする講座が編成された女性向け教養番組の放送時間帯[301]について、その推移を示す。

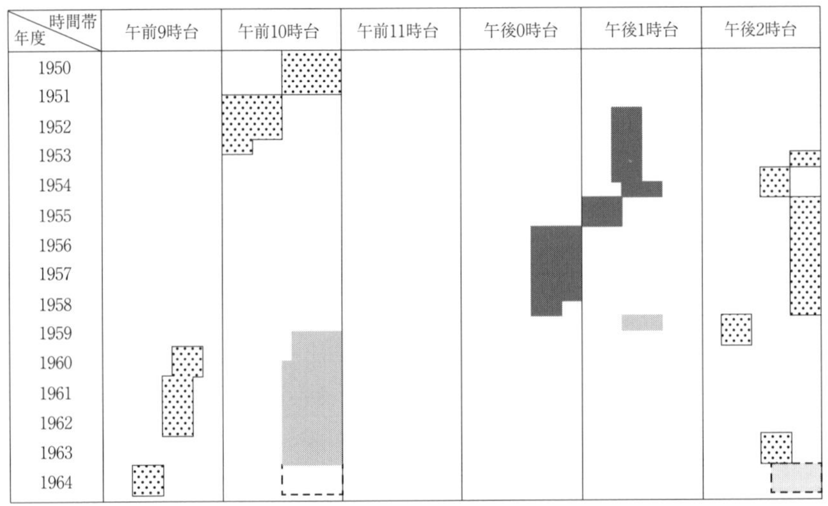

図8　1950年度から1964年度までのラジオとテレビでの女性向け教養番組における放送時間帯の推移（1964年度は『婦人百科』の放送は継続しているが、「花」を主題とする講座は『季節のいけばな』で編成された）

ラジオとテレビとが併存している1952年度以降で両者の時間帯を比較すると、いずれの時期においても、重なることがないように編成されている。

生物学では「生活様式のよく似た二つ以上の個体または種が空間的または時間的に生活の場を異にすること[302]」を棲み分けという。生物学の用語ではあるが、棲み分けという語は他の学問分野でも用いられている。ラジオからテレビへの転換期における女性向け教養番組の編成にこれを敷衍すれば、ラジオの女性向け教養番組放送枠とテレビの女性向け教養番組放送枠に関して、公共放送では、その放送時間帯について、棲み分けが図られていたといえるだろう。

転換期における「花」の放送

こうした時間帯の棲み分けが図られていた時期においては、メディアごとの講座の内容にも、それぞれに即した特性が生じていたと考えられる。

図9は、1952年度から1964年度にかけての「花」を主題とする講座のラジオおよびテレビでの放送本数の推移である。

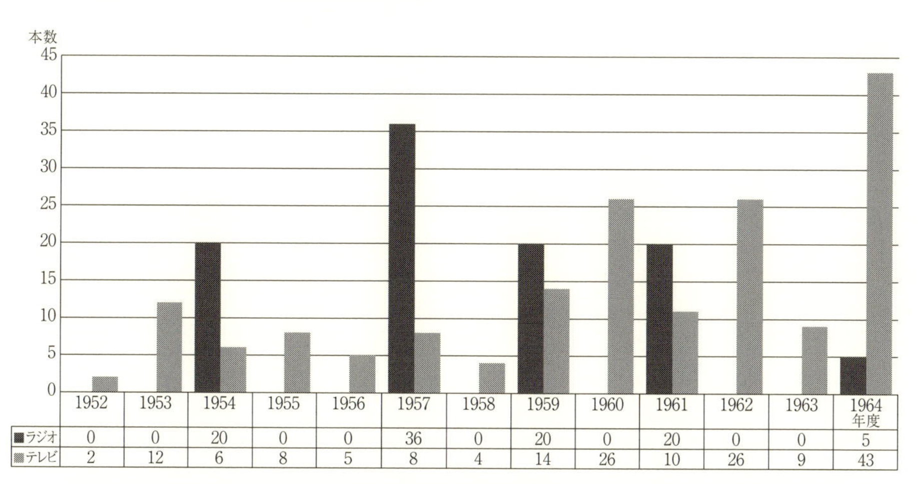

	1952	1953	1954	1955	1956	1957	1958	1959	1960	1961	1962	1963	1964 年度
■ラジオ	0	0	20	0	0	36	0	20	0	20	0	0	5
■テレビ	2	12	6	8	5	8	4	14	26	10	26	9	43

図9　ラジオおよびテレビの女性向け教養番組における「花」を主題とする講座の年度ごと放送本数（1952年度～1964年度）[303]

1952年度から1964年度までの間に、ラジオでは101本、テレビでは174

本、「花」を主題とする女性向け教養番組が放送された。この期間における年度あたり平均本数は、ラジオが7.8（小数点第2位四捨五入・以下同）、テレビが13.4であり、標準偏差は、ラジオが11.6、テレビが11.2である。期間内でラジオでの放送があった年度は5、テレビでの放送があった年度は13であって、ラジオでの放送はテレビに比して間歇的である。ただし、ラジオとテレビ双方で放送がある年度では、最後の年度を除き、ラジオでの放送本数がテレビでのそれを上回っている。

4.2 ラジオとテレビの類型分化と『季節のいけばな』による統合

番組副題が示すラジオとテレビの特徴

では、転換期でのラジオとテレビそれぞれにおける講座の類型と内容はどのようなものだったか。

転換期におけるテレビでの放送枠は、1958年度まで『ホーム・ライブラリー』、1959年度以降『婦人百科』、1964年度は『季節のいけばな』と推移している。一方、この期間におけるラジオでの放送枠は『女性教室』で一貫している。『女性教室』と『ホーム・ライブラリー』が並立していた時期を「前期」、『女性教室』と『婦人百科』あるいは『季節のいけばな』が並立していた時期を「後期」とすれば、「前期」においては、その副題に記された内容に、ラジオとテレビとで明らかな性格の違いがある。

まず、ラジオでの副題について、その性格を示す。

第3章に記したとおり、1954年度には、ラジオで連続20回という大規模な講座が編成されている。この講座のテキストには、作例に加えて、「いけばなの歩み」、「独習の要領」、「基本的な用語や方法」などの解説が付されており、放送の内容も同様のもの、すなわち、「花」を基礎から体系的に講義するものだったと推定できる。それ以降、1958年度までの「前期」におけるラジオでの副題は、「暮しを豊かにするいけ花　生花入門」、「いけばな―いけばなについて」、「いけばな　池坊いけばなについて」、「いけばな　池坊いけばなの基本」、「生花と室内装飾─盛花の基礎」といったように、入門講座の性格をうかがわせるものばかりとなっている。また、1959年度以降の「後期」においても、その副題は、「いけばな─やさしい盛花」、「いけばなと俳句─花型の基本─」、「室内装飾─いけ花の基本─」といったように、入門講座としての性格をうかがわせるものがほとんどである。[304)]

次に、「前期」におけるテレビでの副題について、その性格を示す。

テレビでの副題には、入門講座の性格を窺わせるものは、1952年度小原豊雲の「テレビ生花教室」、1955年度大井ミノブ他の「いけばなの歴史」など僅かしかない。入門性を特徴とするラジオに対し、テレビは、半数以上の講座の副題に時節が冠せられており、季節性が表されている。たとえば、1954年度のテレビにおける講座は、「新春の生花」、「春の生花」、「三月の生花」などすべて時節を冠した副題が付けられており、基礎からの講義というよりも季節に合わせた作例紹介という内容になっていると考えられる。テレビでは、他にも「季節のお花」、「季節の生花」、「季節の花をいける」、「ひなまつり」、「クリスマスと正月」など、時節に関するものが多い。

放送の連続性における差異

以上は副題についての分析だが、「前期」におけるラジオとテレビでは、放送の連続性においても明らかな違いがある。ラジオではすべてが6回以上の大規模な連続型講座であるのに対し、テレビでは単発型の講座が多い。

これらのことから、ラジオ草創期の「花」を主題とする講座の内容は、入門性と季節性を併せ持っていたが、ラジオからテレビへの転換期のうち1958年度までの「前期」における「花」を主題とする講座の内容は、ラジオはもっぱら入門性を主旨とする連続型講座、テレビはもっぱら季節性を主旨とする単発型講座に分化したことになる。図10にその様相を示す。

こうした分化の発生は両者のメディアとしての特性の違いに起因するものであろう。

片岡（1990）は、放送メディアの伝送面における特性として、即時性、広範性、一回性、一方向性などを挙げている。そして、その一回性について

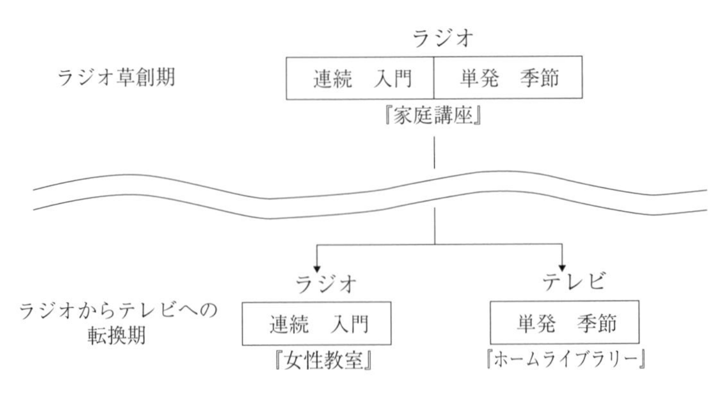

図 10　ラジオからテレビへの転換期「前期」における講座の類型分化

「一度視聴の機会を失えば、再放送の機会以外には、視聴が不可能であった」とした上で、「この点は、録音、録画技術の進歩によって補われつつある」[305)]と記している。しかしながら、ラジオからテレビへの転換期においては、オーディオテープレコーダーやビデオ録画機は一般家庭には普及しておらず、放送の一回性は際立っていた。したがって、反復学習には向いていなかった。ところが、ラジオでは、映像が無いという欠点を補うために従来からテキストが発行されていた。テキストがあれば、いつでも随意の箇所を読み返すことができるという随時参照性を有するため、反復学習が可能であり、初心者にも追随できる。その結果、ラジオにおいては入門性を有する講座が主に編成されることになったのであろう。また、『女性教室』のテキストは原則として月刊であったため、月単位でテーマを決める必要があった。そのため、放送においても月単位で編成され、必然的に連続型講座となったと考えられる。実際にラジオにおける講座は、1964 年度を除き、ラジオからテレビへの転換期すべてを通じて、1 か月を一つの区切りとして放送されている。

一方、テレビでは、この時期、原則としてテキストは発行されていない。しかし、テレビは映像を有するため、作例を詳細に見せることができる。そこで、季節に即した花材をとりあげて講師の作例を見せる、いわばショーケースともいえる内容になったと考えられる。ただし、テキストが無いため、何度も反復して確認することが必要となるような複雑な内容は放送できない。

故にテレビでは、単発型の季節性を主旨とする内容となったのであろう。

ラジオからテレビへの遷移

こうしてラジオは入門性を主旨とする連続型、テレビは季節性を主旨とする単発型という分化が生じたわけだが、転換期の「後期」すなわち、テレビに『婦人百科』が新設された1959年度から、状況に変化が生じる。連続型講座の回数について年を追って分析すると、連続型講座が編成されるメディアがラジオからテレビへと移っていくことが確認できるのである。

表5は、ラジオからテレビへの転換期における、ラジオおよびテレビそれぞれでの「花」を主題とする講座の連続回数とその出現度数を示したものである。

表5　ラジオからテレビへの転換期における「花」を主題とする講座の連続回数と出現度数（表中の数字は連続回数×出現度数）

年度	1952	1953	1954	1955	1956	1957	1958	1959	1960	1961	1962	1963	1964
ラジオ	0	0	20×1	0	0	15×1 11×1 10×1	0	10×2	0	7×2 6×1	0	0	5×1
テレビ	2×1	2×3 1×5	1×6	1×8	1×5	2×2 1×4	1×4	13×1 1×1	8×1 5×1 4×1 3×1 2×3	4×2 1×3	13×1 8×1 4×1 1×1	9×1	13×1 11×1 10×1 9×1

ラジオでは1959年度まですべて10回以上連続だったのに対し、1960年度以降はすべて一桁に減少している。一方、テレビでは1958年度まではすべて単発型ないし連続[306]2回という小規模な連続型講座だったのが、1959年度に13回という大規模な連続型講座が出現して以降、連続4回以上の連続型講座が頻出するようになる。

この現象には、女性向け教養番組における編成方針が要因として介在していると考えられる。1959年度の編成方針を記録した資料には、「テレビの普及にともない、婦人番組でも、ラジオ・テレビの特質を、それぞれ充分に発揮させるよう編成したことはもちろんである。一例をあげると、家庭生活を豊かにする実技の指導は、テレビで綿密に系統だてて取り扱うこととし、10月から婦人番組が増設されたのを機会に、その大部分を家庭実用番組にあて、内容を充実強化した。一方、ラジオの家庭実用番組は、きき易く親しみ易くするために、ディスクジョッキーを取り入れるなど、耳できく実用知識の紹介に重点をおいた。[307]」と記されている。そして、「放送開始以来7年目をむかえたテレビ放送は、（中略）地域的拡大とともに受信者の急増をみ、番組に対する要望もとみにたかまってきた[308]」ため、テレビの編成において「『ホーム・ライブラリー』を廃止し、新たに午後1時20分より20分間『婦人百科』を編成して、婦人聴視（ママ）者の要望にこたえた[309]」という。こうして1959年度に新設された『婦人百科』においては、10月に連続13回というテレビでは空前の規模の「花」を主題とする講座が編成された。

この講座は、副題によれば、第1回が「いけばなの使用用具」、第2回が「基本花型」、以下「水揚げ法」、「材の橈め方」、「投入れの基本」と続いており、体系的な入門講座の様相を呈している。一方、12月には「クリスマスを飾る花」という季節性を主旨とする回も放送されている。総体としては、この連続型講座は、従来、季節性を主旨としていた、テレビでの「花」を主題とする講座に、それまではラジオでの「花」を主題とする講座が主旨としていた入門性が接種されたものだったといえる。

1959年度においては、ラジオでも計18回の講座が編成されているが、これは、二人の講師による講座を合計した数字であり、それぞれの講座数は共に9回であって、テレビにおける講座（講師は一人）の13回よりも少ない。入門講座としての連続回数の規模の点においても、テレビはラジオを凌駕して逆転が生じたことになる。

1959年度以降、ラジオにおける「花」を主題とする講座の存在は薄らいでいく。その要因は、前記のようなテレビの普及拡大に伴うテレビ編成の強化に加えて、ラジオにおける番組のワイド化にも求められる。ワイド化とは端的には長時間化の意であるが、当時は、「ラジオの特性を生かして番組を組むための一つの方法として、流動感のあるワイド番組というものが大いに注目され（中略）聴取者がなにか行動しながら聞く、また、どこから聞いてもわかる番組いわゆるながら番組を打ち出したところに特色がある[310]」編成手法と位置づけられていた。

1960年度には、「ラジオの機能と特性を最大限に発揮してラジオ独自の分野を確立すること、――総合、ワイド番組の編成、ラジオ、テレビの効果的編成（後略）[311]」が主眼となり、『女性教室』は『主婦の時間』という、より大型のワイド番組の「一こまに組み入れられた」のである。そこでは、「常にテキストを追わなければ出来ないようなテーマは避け[312]」られた。

こうした方針によって、ラジオの女性向け教養番組はワイド番組の「一こま」となった。1960年度にラジオにおいて、「花」を主題とする講座が編成されていないのは、「常にテキストを追わなければ出来ない」ラジオでの講座がテーマとして避けられたからとも考えられる。

これに対して、テレビにおいては『婦人百科』の充実強化が図られ、1960年9月以降は、「『美容体操』を別時間帯とし、30分の充実した時間を確保すること[313]」が実施された。その結果が、1960年度におけるテレビでの、「花」を主題とする講座の放送本数26という編成として表わされたといえる。

「テレビの婦人向け番組は、（中略）ますますキメの細かい編成が求められた。他方、ラジオは、ききやすく親しみやすくするためにディスクジョッキーを取り入れ、また『主婦の時間』や『婦人の時間』のように一時間近くのワイド化を図るなど、いわば総合的な編成をとり始めた。つまりこれらは、かつてラジオの婦人向け番組が家庭婦人の生活時間の中で占めていた座に、こんどはテレビが迫ろうとしている現われ[314]」だったのである。

1961年度には揺り戻しが生じ、ラジオの『女性教室』で「新しい試みとして、『いけばなと俳句』[315]」が放送された。その結果、この年度の「花」を主題とする講座の放送本数は、ラジオ20対テレビ10となり、再びラジオがテレビを逆転した。しかし、これは、本来「1か月間1つのテーマを通して放送[316]」する枠だった『女性教室』に、「いけばなと俳句」という二つのテーマを設けるという変則的な編成だった。講師は池坊専永、小原豊雲、勅使河原和風と3人が交替制であたっており、1人あたりの講座回数は6ないし7と更に細分化されていて、かつての大型講座の面影は無い。

第4章

1963年度には再び方針が一転し、ワイド化がまたも押し進められた。すなわち、ラジオでの「ながら聴取態様に適合[317]」することを目的として2時間という大型のワイド番組『午後の茶の間』が新設され、『女性教室』は六つあるコーナーの最後に組み込まれたのである。こうした方針の結果、ラジオにおける「花」を主題とする講座は再びその居場所を失った。

ラジオからテレビへの「花」を主題とする講座の移行は、テレビが映像を有する点で優位であったことに加え、ラジオが「専念聴取」ではなく「ながら聴取」をするものとなっていく[318]過程において余儀なくされたものでもあったといえる。「ながら聴取」が主流となったメディアには、「花」を主題とする講座のような「専念聴取」が要求されるコンテンツの居場所は求め難かったと考えられるからである。

『女性教室』の終了と『季節のいけばな』の新設

1964年度はラジオでの「花」を主題とする講座の放送枠である『女性教室』の最終年度となった。この年度にはラジオにおいて6本、「花」を主題とする講座が放送されているが、それは、この月の主題である「室内装飾」の一部分としてという変則的なものだった。本来は「1か月間1つのテーマ[319]」だった『女性教室』は、この時、「室内装飾」という名の元に「室内装飾」、「手作りの室内装飾品」、「住まいと家具」、「暮らしを美しく（いけばな）」という四つのコーナーを4人の講師がそれぞれ担当するという、これまでで最も細分化されたものになっていた。

一方、テレビでは、「従来『婦人百科』に含まれていた『いけばな』『お茶』などの趣味ものを、午後の別の番組として独立させ、より実用性を強く」する施策が実施されて、「花」を主題とする講座の独立した放送枠である『季節のいけばな』が新設された。1925年のラジオ放送開始当初から「花」を主題とする講座は編成されていたが、それらはすべて『家庭講座』、『女性教室』、『婦人百科』など、他の主題も扱う放送枠の中においてであった。それが、1964年度についに、「花」のみを扱う女性向け教養番組が生まれるに至ったのである。

その『季節のいけばな』の内容は、「家庭婦人および一般を対象に、季節の花をつかって、各流派の家元クラスの人がいけばなのバリエーションを見せるとともに、いけばなの基本をおりこみ、とくに花と花器、飾る場所との関連に重点[320]」が置かれるというものであり、「初歩からわかりやすく指導してゆこうとする」、「初心者にもわかりやすい趣味のシリーズ番組[321]」だった。この記述によれば、『季節のいけばな』には、テレビでの「花」を主題とする講座が主旨としていた「季節性」とラジオにおけるそれが主旨としていた「入門性」が共に織り込まれていたことになる。

図10（p. 86）に示したラジオからテレビへの転換期の「前期」におけるメディアごとの内容の分化は、こうして、「後期」には『婦人百科』を経て、『季節のいけばな』によって、最終的にテレビに統合される結果となった。その様相を図11に示す。

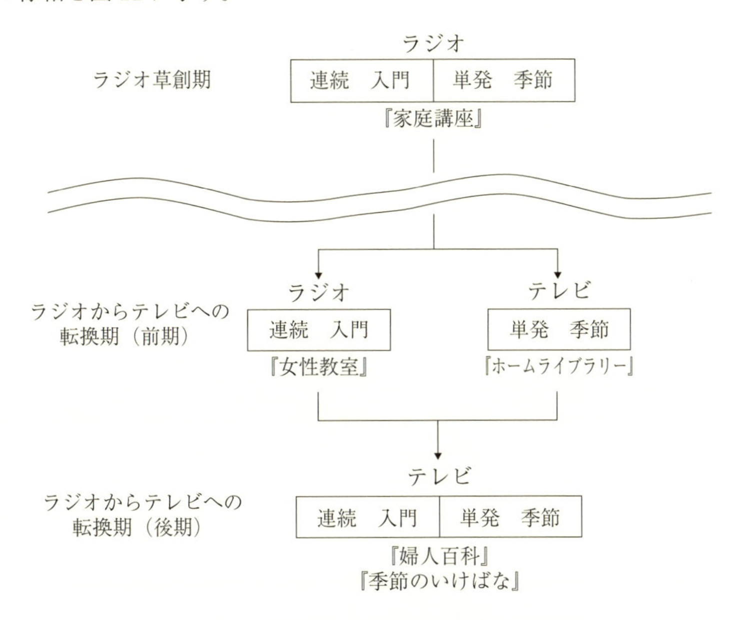

図11　ラジオからテレビへの転換期「後期」での講座の類型再統合

こうしてテレビでの「花」を主題とする講座に、季節性に加えて入門性が接種された。相前後して、テレビでの実用情報の提供と文化の伝播を旨とする女性向け教養番組では、当初想定していなかったと考えられる事象——テキストの必要性——が露わとなった。

4.3 映像があるテレビでの出版の役割

テキスト発行の推移

ラジオ草創期においては、連続型の入門性を主旨とする講座に対してテキストが発行され、映像が無いというラジオの「欠陥」を補う働きをしていた。では、ラジオとテレビが併存し、類型の分離と統合が生じた、ラジオからテレビへの転換期においては、テキストはどのような役割を果たしていたのだろうか。

図12は、ラジオからテレビへの転換期における女性向け教養番組について、テキスト発行の有無を年度別に示したものである（図中、薄網は番組の放送がある年度、黒線はテキストが発行された年度、黒丸はテキストの発行開始および終了時点を表す。矢印はその年度以降もテキストが発行されていることを示す。1964年度の破線は、テレビでのテキストがラジオでのテキストの付録のような形で発行されていたことを示す）。

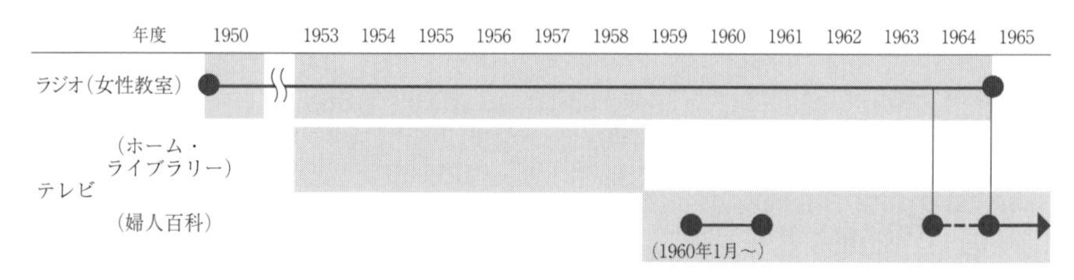

図12　ラジオからテレビへの転換期における女性向け教養番組のテキスト発行年度

期間中、ラジオにおいては一貫してテキストが発行されているのに対して、テレビにおけるテキストの発行は間歇的であり、1960年1月以降1960年度末までと1964年度（およびそれ以降）しか無い。

もともと、ラジオの女性向け教養番組では、テキストは映像が無いというラジオの「欠陥」を補うものとして重視され、特に、「花」を講義するにあたっては、重要な役割を果たしてきた。第２章に記したとおり、1925年11月に初めてラジオで「花」を主題とする講座が放送された際、既にテキストが発行されていたのを始め、1929年に勅使河原蒼風が発行したテキストには、豊富な図案と写真が掲載され、このテキストは本格的な指導書として「後に草月流花型法として完成されるものの出発であり、基礎[322]」ともなっている。また、第３章に記したとおり、1955年に、勅使河原蒼風によるテキスト『暮しを豊かにするいけばな』が発行され、その放送は「平易な話術と美麗懇切なテキストと相俟って、これまでにない聴取率を記録[323]」するなど、テキストはラジオの女性向け教養番組に大きく寄与する存在だった。

一方、テレビにおいては、テレビ放送開始と共に始まった『ホーム・ライブラリー』で専用のテキストが発行された形跡は残されていない。

ラジオ草創期の女性向け教養番組における「花」を主題とする講座は、季節性を主旨とする単発型講座と入門性を主旨とする連続型講座に二分されていた。そして、テキストが発行されたのは、入門性を主旨とする連続型講座のほうであった。ラジオからテレビへの転換期において、当初、ラジオは入門性を主旨とする連続型講座、テレビは季節性を主旨とする単発型講座に分化していたことからも、ラジオでテキストが発行され、テレビでは発行されなかったことは当然であるともいえる。

ところが、1960年１月からは、テレビの『婦人百科』において、一時的にテキストが発行された。また、これに先立つ1956年度において、『ホーム・ライブラリー』の内容の一部をラジオの『女性教室』と同じテーマにして放送することをおこない、「テキストによって、放送だけでは、メモをとりきれないときや、放送の内容のもっと広い応用など、相互の長所を生かして、視聴者からよろこばれた[324]。」ということがあった。

第４章

放送の「同時性」が持つ問題

フィスク（1996）は、テレビの特徴は「同時性」にあるとしている[325]。この同時性という特徴に伴なう欠点として、バーワイズとエーレンバーグ（1991）は、テレビでは「提示できる言語的情報のペースが、とりわけその連続的な順序が、すこぶる融通のきかないものになっている[326]」と述べ、印刷物のように、「とばして読んだり、立ち止まったり、読み直したりすることが[327]」可能ではないとしている。米倉（2013）は、放送メディアの特性である「『時間依存性』『非選択性』といった論点は、本格的なテレビ時代に入っても繰り返し指摘され[328]」たと述べている。ラジオとは違って映像を有するテレビでも、印刷物が有する随時参照性はラジオ同様に有していない。テレビでも徐々にテキストが発行され始めたことは、ラジオ同様、テレビでもテキストが有用であることが明らかになってきた結果であろう。特に、1959年度にテレビで連続13回という大型の連続型講座が出現し、ラジオと同様の入門性を主旨とするようになると、テレビでのテキストの必要性はより明確になったと考えられる。

この『婦人百科』におけるテキストの発行は、1960年度末までで打ち切られてしまう。しかし、「視聴者の希望が多いため、39年度[329]からラジオ『女性教室』のテキストに付録のような形で[330]」テレビでのテキスト発行が再開される[331]。図12に破線で示した部分がそれである。この年度には、一つのテキストにラジオとテレビの二つの番組が共存するという、放送番組のテキストとしては変則的な発行形態[332]が出現することになった。こうした変則的な措置も、しかし、1年しか続かず、翌1965年度にはテレビで『婦人百科』のテキストが独立して発行されることになる。「花」は、その一部に「趣味のコーナー」として毎号掲載されることになった。一方、ラジオの女性向け教養番組『女性教室』は、前年度末をもって終了し、15年に渡る歴史の幕を閉じた。

ラジオからテレビへの転換期において、当初ラジオのみだったテキストの発行が、やがてテレビでも必要とされるに至ったことは、ラジオとテレビは、共に随時参照性を欠くという点で同質のメディアであることを示し、放送メディアが有する同時性という特性とその限界を改めて明らかにした事例であるといえるだろう。

4.4 女性華道家スター・勅使河原霞の出現

テレビにおける出演者の特徴と草月流

1959 年度は、皇太子ご結婚特別放送によって普及が加速し、日本におけるテレビ放送の転換点となった年度だった。この年度には、「花」を主題とする講座の出演者においても、転換を象徴する現象が生じた。テレビでは空前の連続 13 回という大型連続講座を担当したのは、女性華道家、勅使河原（てしがわら）霞（かすみ）だったのである。霞は勅使河原蒼風の娘で、1932（昭和 7）年生まれ、1953 年に草月流師範として教室を開き人気を集めていた[333]。

図 13 は、ラジオにおける「花」を主題とする講座での各流派について、出演総数に対する占有率（小数点第 1 位四捨五入、以下同）を示すグラフである。一方、図 14 は、テレビにおける「花」を主題とする講座での各流派について、出演総数に対する占有率を示すグラフである。

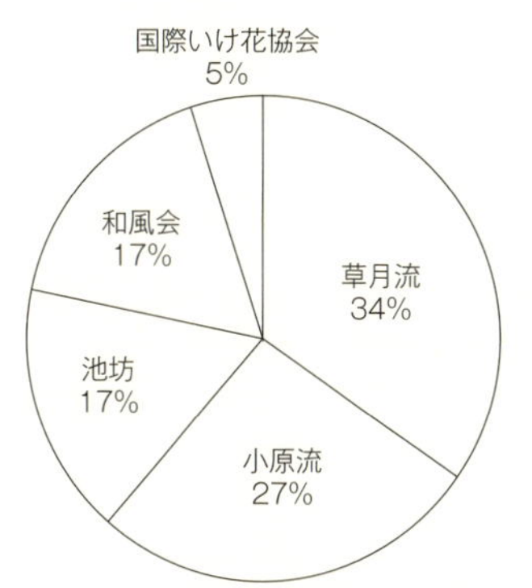

図 13　転換期のラジオにおける「花」を主題とする講座での流派と占有率

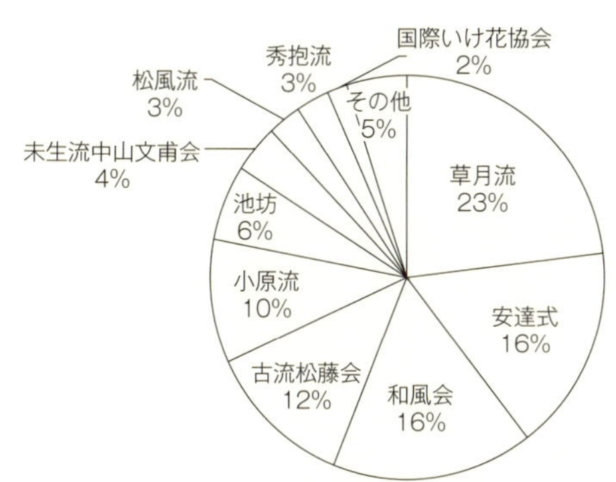

図 14　転換期のテレビにおける「花」を主題とする講座での流派と占有率

（図 13・図 14 共に、複数の講師が同じ講座に出演している場合は、助手としての出演の場合を除き、それぞれを 1 回と数えた。）

ラジオからテレビへの転換期において、ラジオ、テレビ共に、流派別占有率順位の1位に位置しているのは、草月流である。草月流が占有率順位の1位であることは、草創期から占領期にかけてのラジオにおいても一貫しており、草月流は、放送による「花」を主題とする講座の主役であったといえる。

ところが、同じ草月流ではあるが、その講師は、ラジオとテレビとで完全に入れ替わっている。

表6は、転換期におけるラジオでの「花」を主題とする講座における講師ごとの出演回数を降順に列挙した結果である。

一方、表7は同じく転換期におけるテレビでの「花」を主題とする講座における出演回数2回以上の講師ごとに降順に列挙した結果である。

表6　転換期のラジオでの「花」を主題とする講座における講師ごとの出演回数

講師	出演回数	流派	性別
勅使河原蒼風	33	草月流	男
小原豊雲	27	小原流	男
勅使河原和風	17	和風会	男
石山文恵	10	池坊	女
池坊専永	7	池坊	男
大野典子	5	国際いけばな協会	女
勅使河原霞	2	草月流	女

表7　転換期のテレビでの「花」を主題とする講座における講師ごとの出演回数

講師	出演回数	流派	性別
勅使河原霞	37	草月流	女
勅使河原和風	30	和風会	男
安達瞳子	24	安達式	女
池田理英	22	古流松藤会[334)	女
小原豊雲	17	小原流	男
池坊専永	6	池坊	男
押川如水	5	松風流	女
佐藤秀抱	5	秀抱流	男
安達潮花	5	安達式	男
藤原幽竹	5	池坊	男
中山文甫	5	未生流中山文甫会	男
山中阿屋子	3	草月流	女
大野典子	3	国際いけばな協会	女
河村萬葉庵	2	萬葉流	男
中山尚子	2	未生流中山文甫会	女
勅使河原蒼風	2	草月流	男
大井ミノブ	2	研究者	女

共に草月流の華道家が最上位に位置しているが、ラジオでは、勅使河原蒼風であるのに対し、テレビでは蒼風の娘である勅使河原霞になっている。勅

使河原蒼風は、ラジオでの出演が33回に対しテレビでは2回、一方、霞はラジオでの出演が2回に対しテレビでは37回と、二つのメディアにおける両者の出演の度合いはほぼ対称をなしている。

当該期における「花」を主題とする講座の放送枠だった『女性教室』、『婦人百科』は共に放送枠としての番組名に「女性」、「婦人」が冠せられていること、また、当時の記録[335)]では「婦人番組」に分類されていることから、送り手の側が想定した対象がどちらも女性であることは明らかである。しかし、テレビでは講師の姿そのものが映しだされるだけに、視聴者層と同性の講師が起用されたことは、視聴者層の親近感をより高めることになったと考えられる。

勅使河原霞出演への反響

初めてテレビでの「花」を主題とする講座を担当した時、勅使河原霞は21歳[336)]だった。実力はあるとはいえ、その流派の家元である父が存命であり、まだ流派を継いでいないのに若くして起用されたことになる。

勅使河原霞と共にテレビの「花」を主題とする講座に出演した、草月流の華道家、倉持百合子は、出演時のことを次のように記している。

> 五月の声をききますと、NHK婦人百科を思い起こすのです。三カ月間もつづきますと、準備に相当の時間を要します。
>
> 当日は何の支障もなく三十分間の充実した番組をいつもご披露なさいました。先生の解説を伺いながらお作品を私はいけ上げてゆきました。
>
> 繊細な先生のすべてが画面に広がり、そのあとかならず視聴者の方が、霞先生にお目にかかりたい、ご指導を受けたいと申され教室に入門されたことをおぼえております。[337)]

同じ草月流の華道家、河村香調も「当時は何処へ行っても霞先生の放送の話が出て、私達は誇り高く嬉しくきいたものでございました。[338)]」と書き残している。勅使河原霞のテレビにおける活躍は、かつて父の蒼風がラジオ草創期に果たしたのと同様の効果をもって、草月流の更なる普及に貢献したといえるだろう。

勅使河原霞が初めてテレビの女性向け教養番組に出演してから10年ほど後の1963年11月、雑誌『女性自身』が「世論調査/美しい人」と題する読者投票の結果を掲載[339)]した。勅使河原霞は、投票総数16614票のこの投票で814票を獲得し8位となったが、10位までの他の顔ぶれは、美智子妃を除き、新珠三千代、山本富士子、高峰秀子などすべて女優で占められていた。勅使河原霞は、女優に伍する存在として、「スター」の一人になっていたといえる。

勅使河原霞はテレビ出演において、従来の華道家の枠を超えた人気を有することとなったのである。その要因には、次章で触れる「いけばなブーム」だけでなく、テレビに出演することによって多くの人に知られる存在となったこともあると考えられる。

テレビの特性と限界

テレビは、単に造形芸術としての「花」を映像によって伝えることを可能にしただけでなかった。テレビには映像があるために、作品だけでなくその作者も映しだされることになり、作者にも映像メディアであるテレビに適した条件が自ずと求められるようになったのである。1970年代の調査ではあるが、講座番組一般についての利用実態調査において、回答者の7割が「『一流の人』よりも『魅力ある人』を講師に選ぶべきだ」としたことも、テレビにおける出演者の条件を示唆するものといえよう。

ラジオからテレビへの転換期において、女性向け教養番組における「花」を主題とする講座では、コンテンツの主題を共有した上で、ラジオとテレビそれぞれのメディアの特性に応じた形態に分化した後、古いメディアのコンテンツは新しいメディアに取り込まれて、メディアの転換が完了した。そして、女優に伍するスターになるほどの女性出演者を登場させた。

テレビにコンテンツを移管した後のラジオは、トランジスターラジオの普及と相まって「ながら聴取」に適したコンテンツすなわちワイド化したトーク番組やディスクジョッキーに最後のよりどころを得、以後、試験勉強や自動車の運転など、他のことをしながら聞くメディアになっていく。[340)]

一方、テレビもまた、結局はテキストを必要としたところにメディアとしての限界をかいま見させていた。一回性および一方向性を特性とする放送メディアとしてのテレビは、反復学習と質疑応答ができないという欠点を持っていた。以後、この欠点を補おうとする試みは、放送メディアでもさまざまにおこなわれたが、その根本的な解消は、インターネットという、随時参照性と双方向性を特性とする新たなメディアの出現まで待たなければならないことになる。

1965年春、ラジオにおける女性向け教養番組として最後まで残った『女性教室』が終了した。その時、テレビはその発展の頂点に至ろうとしていた。そして、「花」を主題とする講座もまた、1980年代初頭までの間に500本以上がテレビで放送されるという、黄金期が訪れる。

コラム

新しいぶどう酒は新しい革袋に――父のラジオと娘のテレビ

テレビ放送が開始されて１年あまり後の1954年４月、雑誌『婦人倶楽部』の「女の広場」というコーナーに、「女は気を広く」と題した、江上フジの一文が掲載された。日本女性は視野を広くし社会性を持つべきだという主旨で、肩書はNHK婦人課長だった。その同じ号に掲載された「花に生きる親子」という題のグラビアで、勅使河原蒼風と霞が紹介されている。江上と勅使河原父娘は、同じ時代に世間の耳目を集める存在だったことが窺える。江上と蒼風が同じ記事で対談などをしているわけではないが、両者は、方や女性向け教養番組のプロデューサー、方やその出演者という関係での面識はあったにちがいない。二人はまた、占領下の日本において、アメリカ人が早い時点でその才能に注目したという点でも共通していた。

江上がGHQの下部組織によって『婦人の時間』のプロデューサーに登用された頃、蒼風は疎開先である群馬県の赤城山麓に住んでいた。蒼風の回想によれば、1945 年の秋、そこへ「ジープに乗ったアメリカ兵がやってきたのである。東京に進駐した米軍将兵の夫人たちが、いけばなを習いたいと言い出したため、私を迎えにきたのである。（中略）何も知らない村の人たちは（中略）『アメリカ兵が霞さんをさらいにきた』などとさわいだものだった。」[341]という。その後、「進駐軍将校とその家族専用の大手町バンカース・クラブ（中略）で将校夫人有志のためのいけばな教室を開いてくれとの申し出が、蒼風のもとに持ち込まれ」[342]1946 年 9 月から教室が開かれることになった。[343]翌 1947 年 4 月 23 日にはアメリカ人生徒による初の作品発表が催され、5 月 14 日から 1 週間、東京都主催の国際生花の会がおこなわれた。これは、「バンカース・クラブ教室の米軍夫人と草月流師範の合同展で、この種のものとしては最初の試み」だった。

その「出品者の一人に、霞がいた」[344]のである。勅使河原霞が「自分の作品を公の場に発表したのは、このときがはじめて」[345]だった。霞の作品は「人々の評判を集め」[346]、以後、草月流の三田教場での「稽古の日、教場の玄関で順番を待っている弟子たちの中に、霞の姿も欠かさず見られた」[347]という研鑽を積む。

日本でテレビ放送が始まった 1953 年 2 月、勅使河原霞は、「勅使河原霞近作展」を開いた。「このころから、霞の独自の作風が、いけばな界の注目をひき始めた。」[348]という。霞の台頭はテレビ放送開始と同期していたことになる。

ラジオからテレビへの転換期における勅使河原父娘の出演は、父・蒼風がラジオ、娘・霞がテレビと分かれたが、両者は女性向け教養番組の講師として共演したことがある。『婦人百科』では、1958 年 1 月 13 日「初春に花をいける」と 1959 年 1 月 6 日「新春の生花」の各 1 回（計 2 回）である。これらはいずれも季節性を主旨とした回であり、両者が文字通り共演して、花を活けたものと考えられる。一方、ラジオでは、1958 年 1 月に連続 15 回の入門性を主旨とした講座においてで、副題は「生花と室内装飾—盛花の基礎」である。この講座は、『番組確定表』の記載によれば「共演」ではなく、全 15 回のうち 13 回を蒼風が担当し、残り 2 回を霞が単独で担当したものだった。霞の講義内容は、1 回が「ミニアチュール」、もう１回が「モビール」と記載されている。ミニアチュールとは、一般には、細密画のことをいうが、「花」では「小さな香水瓶などにいけられた花のような場合に」[349]用いられる語である。また、モビールについては「新しいいけばなでは天秤バランスによるモビールが多かった」[350]といわれる。この時の霞の講義は、「とくに、ミニアチュールは、彼女の独壇場であった」[351]と評されていたことを反映したものと考えられ、独自の才能を開花させていたことを示している。霞が登用されたのは、華道家としての類まれな才能に拠るものだったのである。

ラジオからテレビへの転換期におけるテレビでの女性出演者の中には、1955年12月8日および1957年3月28日と5月8日に山中阿屋子、1959年10月8日から連続13回のうち12回に、勅使河原霞の助手として倉持百合子[352]、1964年4月6日から連続13回に、やはり勅使河原霞の助手として木戸きみえが含まれている。これらの華道家は、いずれも「霞を中心に生まれた（中略）若い女性師範の研究グループ“コペル会”」[353]の最初の会員である。テレビは、勅使河原霞とそのグループが展開する舞台の一つとなっていたといえよう。これらの出演のうち、1959年10月は、テレビでは空前の連続13回という「花」を主題とする講座を霞が担当した時であり、1964年4月は、「花」を主題とする講座の初めての独立した放送枠である『季節のいけばな』が始まった時である。いずれの時にも、霞と共にもうひとりの華道家が参加し、２人体制で対応していることから、これらエポックメイキングとなる回への草月流の力の入れ具合が窺える。

「コペル会」の名は、「コペルニクスから取ったもので、古いいけばなの既成常識に挑戦する意欲が込められていた。」[354]という。勅使河原霞という新しい天才を新しいメディアの上で人びとの目に触れさせた、テレビでの「花」を主題とする講座は、「新しいぶどう酒は新しい革袋に入れよ」を地で行く一例だったといえるだろう。

テレビ発展期の女性向け教養番組と「花」

概説 テレビ発展期の放送メディアと女性向け教養番組

発展期のテレビ番組

日本におけるテレビ放送は、1953（昭和28）年2月1日の放送開始から当初5年ほどは普及が低迷しながらも1959年度あたりから急速に発展し、高度成長期を通じて視聴時間を拡大しながら、1970年代半ばに視聴時間のピークを記録した。そして、1981年ごろまでは「漸減しながらではあるが、比較的安定した状態[355]」を保った。このことによって、本書においては、1953年2月1日から1981年度末までを「テレビ発展期」と規定する。この期のうち1953年2月1日から1964年度末までは「ラジオからテレビへの転換期」と重複するが、テレビ放送開始よりの変化を通観するため、この期に含めて扱う。

片岡（1990）は、放送メディアの特性について「広い地域の人々が同時に、同一内容を享受すること」や「時間的に変化する事象を同時に伝送する能力」を「放送の同時性」として記している[356]。こうした同時性は中継番組によって最も露わに発現する。テレビ発展期には、1959年の皇太子ご結婚特別放送、1963年の衛星中継実験中のケネディ大統領暗殺第一報の受電、1964年の東京オリンピック、1968年の東京大学安田講堂事件（攻防戦）、1969年のアポロ11号月面着陸、1970年のよど号ハイジャック事件、1972年の浅間山荘事件など、それまで誰も経験したことの無かった、大きなイベントや事件の同時中継が続き、テレビの威力を知らしめた。

高度成長の初期には、白黒テレビ、電気洗濯機、電気冷蔵庫が３種の神器とされ、その後は、カラーテレビ、カー、クーラーが３Ｃと呼ばれて、家庭生活の必需品とされた。こうした社会情勢を背景に、テレビの受信契約は1975年７月には、2600万に達する。

番組では、1957年に『日本の素顔』、1958年に『私は貝になりたい』など、社会的に高い評価を受けるものが現れる一方、1957年にはテレビによる「一億総白痴化」を懸念する評論が現れるなど、様々な反響を得つつ発展していった。そして、常時、茶の間に番組を放送し続けるテレビは、日本人の生活に大きな影響を及ぼすこととなったのである。

第４章で初期のテレビでは、アメリカ製のテレビ映画が流入したことに触れた。『パパはなんでも知っている』、『サンセット77』といった番組はアメリカ式生活様式の具体的イメージを、また『ララミー牧場』などの西部劇は、アメリカ的な価値観を日本人に強く示すこととなった。

こうしたアメリカ製テレビ映画と並んで、日本の放送局が制作した、日曜夜の『大河ドラマ』、日曜を除く毎日朝の『連続テレビ小説』、あるいは、『日々の背信』（1960年放送）のような昼のメロドラマ、そして、夜間のヒット番組の数々は、生活の中にテレビ視聴を習慣化させ、日本人の生活習慣に大きな影響を及ぼしたといわれている。

商業放送として出発した民放各局が放送するCM（コマーシャル・メッセージ）は、次第に単なる商品告知の枠を越え、「CM元年」と呼ばれた1967年の『イエイエ』以降、独立した極めて短い番組としての性格を帯びるようになっていく。その間、CMは次々と新製品を茶の間に紹介し、「大量生産、大量販売を進める時代には、テレビは最も適当な媒体[357)]」であることを実証しつつ、高度成長下における日本人の消費革命を先導していく。

第３章で触れたように、アメリカの影響によってラジオで生まれたバラエティー番組は、テレビでは映像を伴うという特性によって、より華やかなものとなり、1958年放送開始の『光子の窓』、1961年放送開始の『夢であいましょう』などを経て、1969年放送開始の『８時だョ！　全員集合』など、次第にコントを中心としたショーの要素を増していった。映像を有するというテレビの特性は、また、歌手を「歌い聞かれるものから、楽しく見られるものへ[358]」と変化させ、歌番組はショー番組の要素を併せ持つようになった。

1964 年にアメリカ NBC の朝のニュース番組 TODAY の影響を受けて始まった『木島則夫モーニング・ショー』は、司会者のキャラクターを前面に出したワイドショーとして人気を博し、他局にも多くのワイドショーを生み出すこととなった。その特徴は、「コーナー、話題をいくつにも分けてあるので、いつ、どこから見ても理解できるし、(中略) どこで見るのをやめてもいいような構成[359]」にあった。この番組に象徴されるように、「テレビの発展期に生じた新しい生活態様[360]」として、朝の家事など何か他のことをしながら視聴することが一般的となった。第 4 章ではラジオの「ながら聴取」について述べたが、「テレビに押されたラジオが新しい分野を開拓し、“ながら聴取型”のラジオとなっていくのと並行して、テレビもまた“ながら型”となっていった[361]」のである。民放のワイドショーからは、しだいにニュースの要素が薄れ、「婦人視聴者の出演と参加を意識的に盛り込み、婦人ショーの傾向を強め[362]」ていく。

テレビ発展期はまた、日本経済が高度成長から石油ショック後の低成長へと至る時期にあって、社会の歪みがさまざまに現れた時期とも重なっている。この時期、安保闘争、ベトナム戦争、学園紛争、公害問題などの社会情勢を伝えるドキュメンタリー番組が盛んに制作された。その一方、報道番組も充実し、1960 年には、NHK に『きょうのニュース』が登場して、映画ニュースが有していたフィルムによる映像の表現とラジオニュースが有していたアナウンサーが原稿を読み上げることによる速報性を兼ね備えた、テレビ報道ならではの形式を獲得するようになった。また、政治番組では政党の党首によるテレビ討論がおこなわれるようになり、「政策を批判する以前の問題として直接顔が画面にうつるテレビだとやれ感じがどうの、ものごしがどうのといったささいなことで印象を左右しかねないおそれがある[363]」と評されることになった。アメリカでは1960年の大統領選挙におけるテレビ討論での印象が、ケネディとニクソンの得票に影響したといわれている。更に、テレビでの人気を票田としたタレント候補も選挙に出馬し、大量の票を得るようになった。

公共放送と民間放送

1961年にニールセン社が、次いで1962年にビデオリサーチ社が、受信機に記録装置を付ける方式での視聴率調査を始め、その結果を逐次発表するようになると、視聴率の高低が収入の多寡に関わる民放各局では、視聴率獲得のための競争が激しさを増すようになった。ゴールデンアワーは、ホームドラマ、クイズ、バラエティー、歌謡ショーなどの娯楽番組で埋められた。「娯楽番組に比べて、教育・教養番組は高い視聴率を期待することがむずかしく、そのためスポンサーも敬遠する傾向にあった[364]」ことから、この時期の民間放送（民放）では娯楽番組が主力となった。

一方、公共放送（日本放送協会＝NHK）では、1964年度の番組改定で、「それまで、“夜間のゴールデンアワーは娯楽番組”というのが常識的なパターン」であったにも関わらず、「午後7時台で、報道・教養番組の重点編成を」おこなう[365]など、必ずしも視聴率にはとらわれない編成がおこなわれた。

1958年度から1975年度までの期間でのテレビの番組部門別比率を公共放送と民間放送で比較すると、公共放送においては、1965年度まで教養が1位、次年度以降は報道が1位となるが、教養も過半の年度で30％以上を占めて報道に匹敵する比率となっているのに対し、民間放送では、この期間中一貫して娯楽が1位であり、特に1965年度以降は5割近い比率で推移している[366]。テレビ発展期の大半の期間で、公共放送は教養ないし報道、民間放送は娯楽というように、それぞれの編成における特徴を明確にして、両者が並立していたということができるだろう。

こうしたテレビ発展期において、家庭にいる女性は、テレビの「最大の“おとくいさま”[367]」だった。例えば、テレビが家庭に浸透しつつある時期の 1958 年には、「だいたい毎日のようにテレビをみる主婦」は広島で 90%、札幌で 95%に達したという記録[368]が残されている。

女性向け教養番組の分化と消長

この時期の公共放送において、テレビでの女性向け教養番組は、数多く新設され、さまざまな分化と消長を経ていく。

テレビ放送開始当初の 1953 年 2 月には、「テレビ婦人向け番組は『ホームライブラリー』(ママ)（月～金）の一本だけ」であり、この状態は 1957 年 10 月まで続いた[369]。この『ホーム・ライブラリー』は、「家庭婦人を対象とし、家庭教育・時事解説・芸術鑑賞など一般教養番組のほか、美容・料理・洋裁・編み物・生花・茶道・作法・育児などの実用番組を編成[370]」した放送枠だった。この記述には『ホーム・ライブラリー』は、ラジオ草創期の女性向け教養番組群における、「一般教養」（『婦人講座』）と「実用」（『家庭講座』）に加え「料理」（『料理献立』）までをも包含した放送枠だったことが示されている。なお、ここでの「一般教養」とは、『婦人講座』におけるそれと同様、「知識の啓発」を指すものとみなすべきであろう。

この『ホーム・ライブラリー』では、放送開始の翌 1954 年に NHK 美容体操のコーナーが設けられた後、「服飾・美容・生花・茶道などを『きょうも美しく』（昭三一～三二）に一括[371]」して編成していた。「花」（生花）や「茶」（茶道）といった日本文化が、美容と「一括」されている点に注目する必要がある。ラジオ放送開始時期に『家庭講座』のテキストが制作された時、「花」は、和裁、洋裁、手芸といった生活の糧となる技術と一括りにされていた。一方、テレビ放送開始時期では、「花」は実用の範疇においてではあるが、美容と共に『きょうも美しく』のコーナーに編成され、「生計の具」としてだけではなく、「暮らしを豊かにする」ための技術として扱われるようになったのである。

その後、1957 年 11 月には、「開局以来『ホーム・ライブラリー』の一部[372]」だった料理番組が『きょうの料理』として独立[373]する。また、同年同月には、「季節的な話題をトップに」[374]おく『婦人こどもグラフ』[375]も新設された。

更に、1959年には、「テレビ受信者の急激な増加により、（中略）四月の改定では（中略）従来零時台にあった『ホーム・ライブラリー』を廃止し、新たに午後一時二〇分から二〇分間の『婦人百科』を設けて婦人層の要望にこたえ」[376]たのに続いて、「同年八月、東京放送会館新館に四つのスタジオが完成したことにより大幅な時間増が可能となり（中略）十月に放送時刻の改定をおこない、一日一時間の時間増がおこなわれた。改定の重点は、昼間の家庭婦人向け番組の強化と、『お知らせ』の時間を新増設してNHKの番組・事業のPRに新生面を開いたことである。すなわち、『婦人百科』の実用番組的な面と教養番組としての要素を、おのおの別な番組として独立させ、『婦人百科』は午前に移して美容体操をも含めた実用番組とし、午後は『テレビ婦人の時間』として教養的なものとした」[377]結果、「婦人向け番組は（中略）、実用番組としての要素と、教養番組としての要素を分離して、おのおの別の番組として独立させることに」[378]なった。女性向け教養番組では、ラジオ草創期において、実用情報の提供と文化の伝播を旨とする『家庭講座』と、社会に関する問題の啓蒙を旨とする『婦人講座』が並立（草創期の半ばまではこれに『家庭大学講座』を加えた３系統が鼎立）し、ラジオ占領期において、やはり実用情報の提供や文化の伝播を旨とする『主婦日記』や『女性教室』と政治的な啓蒙を旨とする『婦人の時間』が並立していた。テレビ発展期の放送枠においても、それと同様の２系統体制が構築されたことになる。なお、ここでいわれている「教養番組としての要素」には、『テレビ婦人の時間』という放送枠名が示すように、ラジオ占領期の『婦人の時間』が主眼としていた「政治的な啓蒙」が含まれていることに留意する必要があろう。

新たな鼎立（ていりつ）

1959年10月の改定では、新造スタジオ群の稼働にともなう時間増に対応して、『婦人百科』と『テレビ婦人の時間』に加え、「午後一時四〇分から二時に[379]」、『おかあさんといっしょ』など、「午後のひとときのいこいとなるような軽いムードの娯楽番組を編成[380]」した結果、『みんなで歌を』、『話の四つかど』といった放送枠が新設された。『日本放送史』は、このことを「テレビの婦人向け番組は、ようやく受信機が家庭への浸透速度を一段と速めるなかで、家庭婦人の教養を高めること、みて楽しくすぐ役に立つことを二つの柱として、『ホーム・ライブラリー』を中心に年々拡充してきたが、昭和三十四年同番組の終了とともに飛躍的に発展することになった[381]」と評している。

これらの番組（放送枠）群のうち、『おかあさんといっしょ』は「学齢前の家庭にいる幼児、特に２歳～４歳の幼いこどもと母親を対象とした、テレビ開局以来初めての試みとして組んだ番組[382]」であり、「人間形成の中で非常に大切なこの時期に豊かな情操と感受性を養うことを目的とし、身につけたいよい習慣を楽しいミュージカルのうちに巧みに織り込んだのが大きな特徴[383]」だった。『みんなで歌を』は「『家庭の主婦に明るい歌声を…』というのがねらい[384]」で「『歌』を、素朴な『生活の声』と考える立場から、家庭的な楽しい番組にすることを[385]」ねらった番組だった。『話の四つかど』は、「家庭婦人を対象とする教養的なバラエティ番組[386]」で「内容はエチケットを扱ったコント、身の周りに起りがちなトラブルについて司会者がユーモアにあふれた解決策を示す身の上相談[387]」などで構成されていた。

『日本放送史』は、これらを「多分に娯楽的な番組」と形容しており[388]、女性向け教養番組群は、『婦人百科』と『テレビ婦人の時間』の２系統から更に、「多分に娯楽的な番組」群を加えた３系統に分化したことになる（テレビ発展期における女性向け教養番組群の分化と消長は、巻頭図２〈p. ９〉を参照）。

ラジオ草創期の女性向け教養番組においても、『家庭講座』、『婦人講座』、『家庭大学講座』という３系統の鼎立があったが、それは、「実用・実利」、「知識の啓発」、「いわゆる教育的」という類別[389]だった。こうした類別構成のあり方の違いに、ラジオ草創期とテレビ発展期初頭との女性向け教養番組群の性格の差異が示されているといえる。生田（1964）は、教養番組には娯楽番組も含まれうるとしているが、女性向け教養番組群は1959年の時点で「娯楽」をも包含した広範な教養を扱う集団となっていたのである。

テレビにおける女性向け教養番組の増設は、翌1960年度にも続く。「九月には霞ヶ関別館に三つのスタジオが完成したのにともない、平日五〇分の時間増をおこなったほか、総合・教育併設局では学校放送の総合・教育同時放送を中止し、そのあとへ家庭の主婦・児童向けの番組を編成[390]」した結果、『婦人の話題』と『回転いす』が新設されたのである。このうち、『婦人の話題』は「婦人向け番組にさらに社会的・時事的な要素を加味[391]」した番組、『回転いす』は「生活上の価値基準をどこに置くべきかを考える[392]」番組で、共に『婦人の時間』の系統に属する放送枠だった。また、1961年度には、ラジオで開設されていた『NHK婦人学級』が『婦人学級』としてテレビでも開始された。その「ねらいは、小集団による共同学習を行なう受信者に学習の素材を提供し、グループ活動の一助とする[393]」というものだった[394]。

一方、民間放送においては、テレビ放送開始当初こそ、料理、美容、手芸などを講義する女性向け教養番組が編成されていたが、娯楽化した料理番組など一部を除いて視聴率はふるわず、昼の時間帯のメロドラマや朝のワイドショーに押されて姿を消していった[395]。

5.1 『婦人百科』と「花」の全盛期

女性向け教養番組の系譜

公共放送（NHK）においても、テレビ発展期の当初に新設された女性向け教養番組（放送枠）群の多くは、幼児向けとなった『おかあさんといっしょ』[396]およびラジオとテレビの同時放送となった『婦人学級』[397]を除き、長く続かなかった。

1959年度に新設された番組（放送枠）群では、『話の四つかど』と『みんなで歌を』が1961年3月に終了した。また、1960年度に新設された『婦人の話題』と『回転いす』も共に1961年3月に終了[398]した。1959年度に新設された『テレビ婦人の時間』は、比較的長く続いたものの1965年4月に終了（1962年4月からは『婦人の時間』と改称）した。

一方、1960年代には、実用を旨とする新たな番組（放送枠）群が増設される。まず、1962年度には、『くらしの窓』が「楽しみながら家庭生活に役立つ知識を提供するスタジオ番組[399]」として新設された。この放送枠は、実用情報の提供を旨としてはいるが、出演者は専門家ではなく、「歌手・芦野宏、音楽評論家・牧芳雄、俳優・三井美奈、小島文子[400]」となっており、「タレント司会により音楽を織り込んだ親しみやすい雰囲気[401]」が主旨として掲げられていることから、トーク番組の性格を帯びている。東京放送局開局時に掲げられた「文化の機会均等」に基づいて、さまざまな主題の講座を編成する女性向け教養番組の系譜とは異なるもの[402]といえるだろう。

続いて、1964年度には、それまで『婦人百科』という放送枠の中で主題として採り上げられていた、「花」、「茶」、「日本画」および「書道」が、それぞれ『季節のいけばな』、『お茶のすべて』、『やさしい日本画（絵画・書道)』という独立した放送枠として新設された[403]。これらの放送枠は、文化の伝播を旨とするもので、その後、翌1965年度に『午後のひととき』[404]というワイドショーの1コーナー[405]とされ、その翌1966年度には再び独立したものの『趣味のコーナー』という一括りの放送枠名[406]を冠せられた。そして、更に翌1967年度に改めて『婦人百科』に統合される[407]。

女性向け教養番組の系譜を1925年の放送開始から俯瞰してみれば、実用情報の提供と文化の伝播を旨とする『家庭講座』から始まった女性向け教養番組は、3系統の鼎立ないし2系統の並立など、分化と消長を繰り返しながらも、40年あまりのち、結局、開始時の『家庭講座』同様、実用情報の提供と文化の伝播を旨とする『婦人百科』[408]が残ったことになる[409]（テレビ発展期における女性向け教養番組群の分化と消長は巻頭図2を参照)。

最終的に『婦人百科』に集約された『季節のいけばな』、『お茶のすべて』、『やさしい日本画（絵画・書道)』といった番組群は、いずれも日本文化が主題であり、更に高い視点から放送史を鳥瞰した場合、家庭にいる女性に向けて文化を伝播する目的においては、『婦人百科』は「文化の機会均等」という放送開始時に唱えられた職能に立ち戻って歴史を収斂（しゅうれん）させたことにもなるといえよう。

1959年秋の改定において、『婦人百科』の放送開始時刻は、午前10時35分からとされた[410]。そして、1年足らず後の1960年9月には、午前10時30分開始と改められた[411]。以後、1992年度末の放送枠廃止まで30年以上の間、『婦人百科』は、午前10時30分開始であり続ける[412]。この開始時刻は、第2章で述べた、1926年に大澤豊子が変更した後の開始時刻と合致している。『婦人百科』は、大澤が『家庭講座』で設定した「家庭にいる女性のための時間」での放送に立ち戻ったことになる。

『婦人百科』において、「花」を主題とする講座は、日本文化を「上品な趣味」[413]として、女性たちが実際に習得することができるようにしている点で、ドキュメンタリーや教育番組にみられるような日本文化の記録と紹介を旨とした番組群とは一線を画していた。「生活と芸術が一体であり、また一体になろうとするところに日本の生活文化が成立[414]」し、「生活の様式でありながら芸術の様式でもある[415]」「花」が、実践を通じて伝授されるものであるとすれば、実用的な生活技術の教授を旨とする女性向け教養番組である『婦人百科』こそが、そうした日本文化の伝播を担うにふさわしい存在だったといえる。

1973（昭和48）年の調査[416]によれば、学習講座や趣味講座などさまざまな講座をおこなう番組群のうち、最もよく利用されている番組は『婦人百科』で利用率42.3%、次いで『趣味の園芸』40.2%、『テレビ英会話』26.1%の順だった。こうした調査の結果からも、テレビ発展期における女性向け教養番組は、かなりの程度、家庭にいる女性に日本文化を伝播したことが窺える。

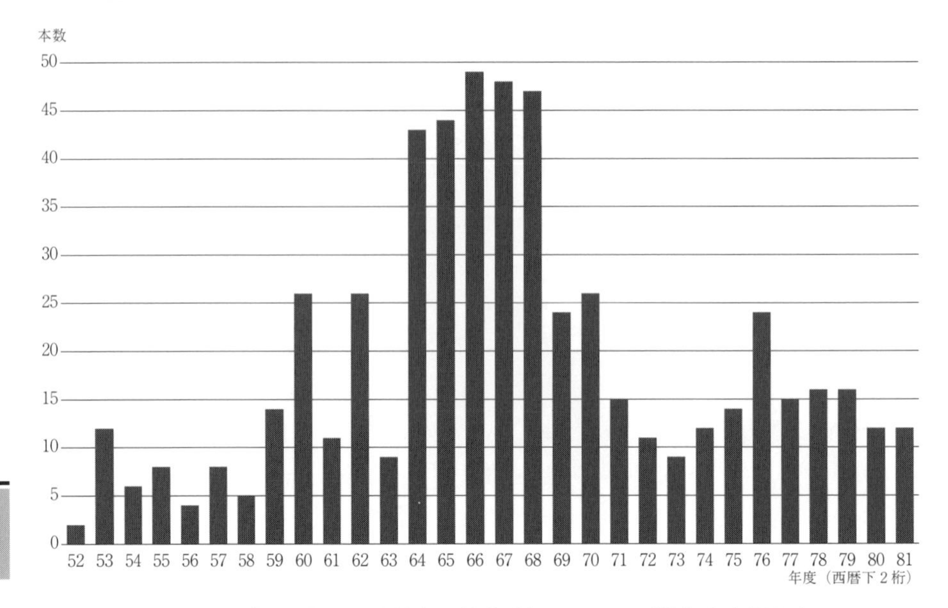

図15　テレビ発展期での女性向け教養番組における「花」を主題とする講座の年度ごと放送本数（1952年度〜1981年度）

発展期における「花」の放送

では、この時期の女性向け教養番組における「花」を主題とする講座の放送実績はどのようなものだったか。

図15に、テレビ発展期における「花」を主題とする講座について、その年度ごと放送本数の推移を示す。

テレビ発展期、すなわち、1952年度から1981年度までの30年間における「花」を主題とする講座の総放送本数は567、年度あたり平均は18.9（小数点第2位四捨五入・以下同)、標準偏差は13.7である。

グラフの形状は凸型をなしており、この凸型の左端部はテレビ放送開始からの10年間（1952年度-1961年度)、中央部はその後の10年間（1962年度-1971年度)、右端部は更にその後の10年間（1972年度-1981年度）に、2ないし3年のずれをもって符合している。凸型の中央部を形成している1964年度から1968年度までを剔出すれば、年度あたり平均本数46.2、標準偏差 2.3 となる。1964 年度は、「花」のみを扱う独立した放送枠である『季節のいけばな』が設けられた年度であり、この年度以降『午後のひととき』、『趣味のコーナー』、そして再び『婦人百科』へと放送枠が移り変わった５年間は、女性向け教養番組における「花」を主題とする講座の最盛期であったといえる。この最盛期が始まる 1964 年度はちょうど「ラジオからテレビへの転換期」の終期に合致しており、この点でも、最盛期の開始点は、ラジオからテレビへの転換が完了し、テレビでの「花」を主題とする講座による文化の伝播が本格的に始まったことを示すものといえる。

「花」と「茶」の対比

一方、このテレビ発展期においては、「茶」についても、「茶」の歴史に関する文献に女性向け教養番組による伝播の記述がある[417)]。また、「花」と同様に「茶」についても『お茶のすべて』という独立した放送枠が設けられたことからも、この時期、「茶」は「花」と並んで本格的な伝播がおこなわれた[418)]といえる。

編成の観点からすれば、テレビ発展期における女性向け教養番組の特徴は、1964 年度に、「花」と共に「茶」にも独立した放送枠が設けられたことにある。これら独立した放送枠においてのみならず、『ホーム・ライブラリー』と『婦人百科』においても、「花」と「茶」を主題とする講座は、この時期には、ほぼ毎年度、編成された[419)]。

「花」と「茶」では、近代以降におけるその発展が少なからず異なっている。同じく家元制の元で飛躍的に成長したとはいえ、「茶」には、「花」に匹敵するような近代流派の勃興や前衛ブームは生じなかった。また、その流派の数や行動者数にも差がある。これらのことから、「花」と「茶」を比較することによって、この時期の「花」を主題とする講座の特徴と意義をより的確に考察することができると考えられる。

『番組確定表』に記された、テレビ発展期の女性向け教養番組における「花」および「茶」それぞれを主題とする講座の年度ごと放送本数の推移を調査し[420)]、経年変化を分析した結果は、以下のとおりである。

調査期間全体、すなわち、1952年度から1981年度までの30年間における総放送本数は、「花」567に対し「茶」651である。両者の年度あたり平均放送本数は、「花」18.9に対し、「茶」21.7である。年度あたり平均放送本数の標準偏差は、「花」が13.7、「茶」が18.4である。この30年間における両者の年度あたり平均放送本数の比は概ね1対1.2である。この比を基準として、調査期間における両者の年度あたり放送本数の比の推移を分析すると、両者の比が基準とは大きく異なる時期が二つ、確認できる。

一つは1952年度から1963年度までの12年間で、ちょうどテレビが「驚くべき普及」[421]をする時期である。「花」を主題とする講座の放送本数推移が形成する凸型では左端部にあたる。

この時期における、「花」および「茶」の放送本数は、「花」が131、「茶」が48であり、年度あたり平均放送本数は、「花」が10.9、「茶」が4.0であって、両者の比は概ね2.7対1である。標準偏差は、「花」が7.5、「茶」が4.5である。

もう一つは、1969年度から1981年度までの13年間で、テレビの視聴時間が拡大を続け、ピークに達した後、高原状態を保つ時期である。「花」を主題とする講座の放送本数推移が形成する凸型では右端部にあたる。

この時期における、「花」および「茶」の放送本数は、「花」が206、「茶」が370であり、年度あたり平均放送本数は、「花」が15.8、「茶」が28.5であって、両者の比は概ね1対1.8である。標準偏差は、「花」が5.2、「茶」が13.7である。

この二つの時期に挟まれた中間の時期、すなわち、1964年度から1968年度までの5年間は、「花」を主題とする講座の放送本数推移が形成する凸型では中央部にあたる。

この時期における、「花」および「茶」の放送本数は、「花」が230、「茶」が233であり、年度あたり平均放送本数は、「花」が46.0、「茶」が46.6であって、両者の比は、期間内の各年度を通してほぼ1対1で推移している。標準偏差は、「花」が2.2、「茶」が2.7である。

「花」と「茶」の年度あたり平均放送本数の比は、凸型の中央部を挟んで左端部と右端部では逆転していることになる。

こうした年度あたり平均放送本数の比に基づいて、テレビ発展期における「茶」と「花」の放送は次のように、三つの時期に分けることができる。

・第1期（1952年度〜1963年度）:「花」と「茶」の年度あたり平均放送本数の比は概ね2.7対1で、「花」が優勢の時期

・第2期（1964年度〜1968年度）:「花」と「茶」の年度あたり平均放送本数の比は概ね1対1で、「花」と「茶」が拮抗する時期

・第3期（1969年度〜1981年度）:「花」と「茶」の年度あたり平均放送本数の比は概ね1対1.8で、「茶」が優勢の時期

これら三つの時期区分を記した年度ごと放送本数の推移を図16に示す。

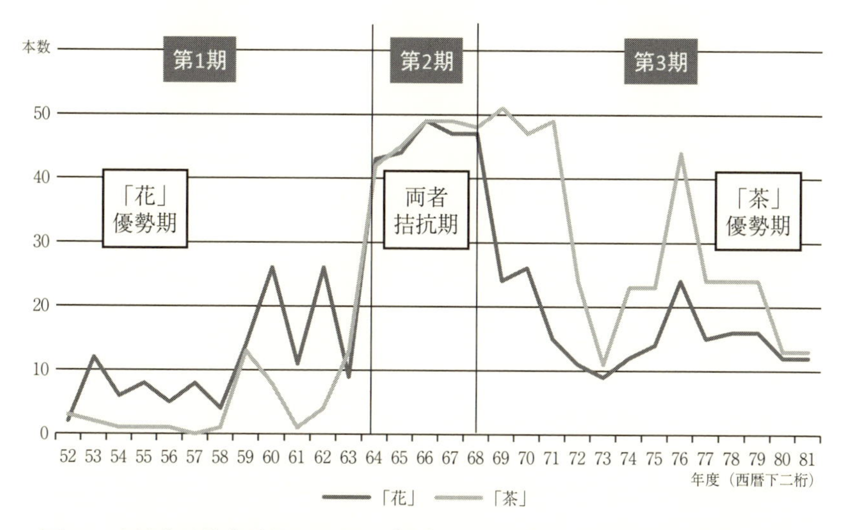

図16　女性向け教養番組における「花」および「茶」それぞれを主題とする講座の年度ごと放送本数と時期区分

毎年度の放送本数においても、第1期における1952年度[422)]および1963年度[423)]を除外すれば、第1期では「花」が「茶」を上回り、第3期では「茶」が「花」を上回って[424)]推移している。

こうした現象の背景には、各時期における「花」および「茶」に対する番組の主題としての位置づけの変化があると考えられる。また、番組の出演者

や内容も影響していると考えられる。

以下、テレビ発展期における「花」および「茶」それぞれを主題とする講座の編成について、本節で示した三つの時期区分ごとに分析し、考察する。

5.2 いけばなブームがもたらしたもの

「花」優勢の要因

凸型左端部である第1期、すなわち、1952年度から1963年度までは、「花」が「茶」を上回っている、「花」優勢期である。

1954年度に実施されたアンケート調査について、年鑑の記述によれば、「『ホーム・ライブラリー』の放送内容として、どんな種目を希望しますか。」[425] という質問の選択肢に「生花」が挙げられている。このことから、「花」（生花）は、この時期、放送の側からはテレビにおける女性向け教養番組の中核的存在として位置づけられていたことが窺える。これに対し、「茶」はこの時の調査の項目に挙げられていない。

「花」は戦後、いわゆる高度成長期における行動者数の増大により空前のブームを迎えた。「昭和三十年代からのいけばな人口の増加は、自立した経済力をもつようになった職業婦人たち、現代でいうOLたちの参加によるものであった。嫁入り修業としてのいけばなは、自立した女性たちが身につける教養の一つに変貌し、いけばなの歴史上かつてみることのできない膨大な『いけばな大衆』を出現させた[426]」のである。

こうした現象は、「日本の女性の地位は向上し、生活の安定はいけばなを上品な趣味として楽しむことを可能にした[427]」という社会情勢を背景としていた。そして、「花」は「もはやそこにはかつての女芸や花嫁道具の意味」は無く「自由で創造的な表現を楽しむことができる[428]」ものと位置づけられた。

それは、ラジオ草創期に大澤が蒼風と協働して推進しようとした「花」という趣味による「家庭生活の革新」が、日本経済の成長と共に実現したものとみなすこともできよう。

第5章

1962年に発行された雑誌『朝日ジャーナル』の記事には、「いわゆる前衛いけばなの人口は五百万といわれ、押しも押されもせぬ一つの文化現象として、広く社会に浸透している[429]」と記されている。また、「花」・「茶」拮抗期にあたる時期の資料ではあるが、1966年の雑誌『週刊朝日』には「華道の流派、なんと三千流。いけばなをたしなむ“華道人口”一千万人という未曽有のいけばなブーム[430]」という記述がある。「数ある伝統芸術のなかで、いけばな人口は圧倒的[431]」だったのである。

これに対して「茶」は、戦後復興を果たしたというものの、「花」に匹敵するような大規模なブームは訪れなかった。廣田（2012）は1950年時点での裏千家の組織力を10万人程度と考察している[432]。一方、1953年に発刊された雑誌『中央公論』には、「花」の流派である池坊が「全国に二十万の師範を擁し、門下の数は百万をこえる[433]」とした記事が掲載されている。同記事において草月流は「池坊と相拮抗する勢力を築きあげた[434]」と記されていることから、草月流も同程度の門下を抱えていたとみることができる。

これらのことから、「茶」に比べて「花」の行動者数がこの時期に顕著に多かったことは事実であろう。

一方、行動者の男女比では、1970年代のデータではあるが、1976（昭和51）年の「社会生活基本調査[435]」によれば、「花」（この調査では「華道」）の行動者率は女性が17.19％に対し男性が0.61％となっており、女性は男性の28倍強であって圧倒的に女性の比率が高い。「花」（いけばな）は女性が嗜むものという明治以降定着したイメージ[436]どおりの比率であり、このイメージは1950年代においても大きくは変わらなかったと想定される。

1964年夏の調査では、家庭にいる女性の1日あたり平均テレビ視聴時間は3時間9分に及んでいた[437]。家庭にいる女性はテレビ発展期の主要な視聴者層であり「テレビの最大の“おとくいさま[438]”」だった。前述した『ホーム・ライブラリー』の調査は、「おとくいさま」に訴求するための主題として、「花」が無視しえない存在だったことを示すものといえるだろう。

表8　第1期における「花」および「茶」の出演者順位（左列から順に出演者名、性別、出演回数）

「花」（1952年度-1963年度）

勅使河原霞	女	24
勅使河原和風	男	20
小原豊雲	男	17
安達瞳子	女	13
池田理英	女	13
池坊専永	男	6
安達潮花	男	5
押川如水	女	5
佐藤秀抱	男	5
中山文甫	男	5
藤原幽竹	男	5
山中阿屋子	女	3
大野典子	女	3
河村萬葉庵	男	2
大井ミノブ	女	2
勅使河原蒼風	男	2
臼井桂鳳	未詳	1
工藤和彦	男	1
小立千蓉	未詳	1
大槻秀楓	未詳	1
長谷川菊洲	男	1
直井輝子	女	1
未生院翁甫	男	1

「茶」（1952年度-1963年度）

塩月弥栄子	女	19
久田宗也	男	13
千宗興	男	10
山村宗謙	男	4
桑田忠親	男	1
千宗守	男	1
泉谷松風庵	男	1
葛西宗貫	男	1
中村如遊	男	1

「花」の出演者たち

「花」による女性視聴者層への訴求は、出演者の構成にも現れている。表8は、第1期における「花」および「茶」それぞれの出演者について、その出演回数を降順に列挙したものである。

「花」においては、「茶」に比して女性講師の出演が多い。「花」での女性講師が、未詳である場合を除き、勅使河原霞、池田理英、安達瞳子、押川如水、山中阿屋子、大野典子、大井ミノブ、直井輝子と8人であるのに対し、「茶」での女性講師は、塩月弥栄子1人である。

また、「花」（いけばな）の出演者には、「いけばながつねに現代的な感覚を下から求められて変わらざるをえなかったということが、他の伝統芸術と異なるところである」[439]と評されたことに呼応して、戦後、「日本花道展[440]、通称『日花展』を通じ、（中略）『彗星のごとく現れた』作家」[441]である河村萬葉庵や「日花展で賞を受賞した作家で、その後の前衛いけばな運動の中で活躍」[442]した工藤和彦、そして、「前衛いけばな運動の中で生花流派としては考えられないほどの大胆な造形作品を発表した」[443]池田理英といった作家が講師として登用されている。ただし、「前衛」作家が起用されているとはいっても、家元制の元でなんらかの流派に属する華道家たちであり、中川幸夫のような家元制に属さない（流派を脱した）芸術家は、この後のテレビ発展期第2期、第3期を含めて、「花」を主題とする講座には出演していない[444)]。女性向け教養番組に出演した「前衛」的な作風の作家たちも、池田理英の出演時における副題が「夏のお花　グラジオラスのいけ方」および「夏のお花　ダリヤのいけ方」（連続2回）、河村萬葉庵の出演時における副題が「野の花を生ける」、工藤和彦の出演時における副題が「すずしいいけ花」などとなっていることから、放送では家庭向けの一般的な「花」を講義していたと推定される。

一方、「茶」の出演者は、三千家（表千家、裏千家、武者小路千家）の家元や茶道家、あるいは評論家であって、「花」のような傾向は現れていない。「茶」と「花」のこうした差異は、「お茶も能も全然変わらないのに、いけばなだけがその時代時代で様式が変わって[445)]」きたことに起因しているといえるだろう。

『近代茶道史の研究』には、「テレビによる茶道教室がはじまったのは、昭和三十九年正月のこと[446)]」と記されている。また、表千家の久田宗也は『茶道雑誌』に「NHK テレビ『茶道講座』のまとめ[447)]」という記事を執筆しているが、そこでは1963年以前の「茶」を主題とする講座については触れられていない。これらのことから茶道界の側からは、テレビ発展期当初の「茶」を主題とする講座が本格的なものとはとらえられていなかったことが窺える。

第1期において、「花」を主題とする講座の放送本数が「茶」を主題とする講座に比して多く推移していること、および「花」を主題とする講座で女性出演者が「茶」を主題とする講座よりも多く起用されていることには、社会的なブームとなった「花」が女性視聴者層に訴求するための主題として期待されたことが示されていると考えられる。

5.3「花」対「茶」＝「季節」対「技法」

拮抗期の編成

凸型の中央部である第2期、すなわち、1964年度から1968年度までは、

「花」と「茶」の拮抗期である。

この時期は日本が 1964（昭和 39）年の東京オリンピックから 1970（昭和 45）年の大阪万博（日本万国博覧会）へと向かう、高度成長の最盛期にあたる。この時期に、「花」、「茶」共に年度あたり平均放送本数は各期を通じての最高値を記録している。公共放送における女性向け教養番組の本来の職能である「文化の機会均等」を図るための一手段としての日本文化の伝播が、テレビにおいて本格的におこなわれるようになったことが示されているといえる。

この時期の初めにあたる 1964 年度には、「花」、「茶」共に、独立した放送枠である『季節のいけばな』と『お茶のすべて』が編成され、お盆や年末年始を除いて概ね毎週 1 本の放送がおこなわれた。「花」と並んで「茶」も本格的な伝播の時期に入ったことを示しており、「茶」を主題とする講座の「花」に匹敵する編成は、女性向け教養番組による文化の機会均等という目的の充実であるともいえる。翌 1965 年度には、『午後のひととき　季節のいけばな』、『午後のひととき　茶道講座』、更に翌 1966 年度には『趣味のコーナー　いけばな』、『趣味のコーナー　お茶』が後継の放送枠[448]として編成された。その後、1967 年度には、「花」と「茶」は『婦人百科』という放送枠の中の主題となったが、やはり概ね毎週 1 本の放送が実施され、1968 年度までこの編成は続く。

この時期において、両者の放送本数はほぼ同数と拮抗しているが、放送内容にはなんらかの差異を示す傾向があるだろうか。

副題が示す「花」と「茶」の特徴

放送内容の傾向を数量的に把握するためには、番組副題に含まれる語を抽出して分析することが、一つの手段として考えられる[449]。そこで、本節では、副題に含まれる語を詳細に抽出し類別することによって、第 2 期での「花」と「茶」の放送内容における差異を数量的に把握するための分析をおこなう。

分析は、まず番組副題に含まれる語から内容語として、名詞、動詞、形容詞、形容動詞、副詞を抽出し、次に、（1）冠称としての「花」または「茶」、

（２）季節、（３）花材または茶道具、（４）技法、（５）その他という五つに類別した上で、その比率を算出することによっておこなった。

冠称としての「花」または「茶」という分類項を設けたのは、副題には、その講座を識別するための冠称として「いけばな」、「いけ花」、「生花」や「茶道」、「お茶」、「茶の湯」、「煎茶」といった語が付せられていることが多いことによる。類別に際しては、「花」および「茶」という名辞を設定し、「花」（名辞）には、「いけばな」、「いけ花」、「生花」などを含め、「茶」（名辞）には「茶道」、「お茶」、「茶の湯」、「煎茶」などを含めた[450)]。また、「花」において「花材」、「茶」において「茶道具」をそれぞれ分類項として設けたのは、いずれも稽古の主要な手段となることから対比が可能と判断したことに拠る。「花」における盛花、投入れなどの活け方を表す語、「茶」における点前、さばきなどの作法を表す語は、共に技法という分類項に類別し、「茶」における濃茶、薄茶は、いずれも点て方、いただき方などの作法を表す語と共に記載されているため、「花」における、投入れ、盛花などに対応するものとして、やはり技法という分類項に類別した。また、類別は名詞に対してだけでなく、「涼しい」や「涼しくする」は「季節」に、「やさしい」や「合わせて」は「技法」にというように、他の品詞に対してもおこなった。上記の範疇に収まらない語は「その他」という分類項に仕分けした。

分析の結果を、表９に示す。

表９　「花」と「茶」それぞれの番組副題における内容語の出現順位および割合（小数点第２位四捨五入）

「花」（1964 年度-1968 年度）

	回数	割合
「花」（名辞）	257	39.4%
季節	95	14.6%
花材	124	19.0%
技法	52	8.0%
その他	124	19.0%

「茶」（1964 年度-1968 年度）

	回数	割合
「茶」（名辞）	260	39.9%
季節	10	1.5%
茶道具	44	6.7%
技法	284	43.6%
その他	54	8.3%

表に示したように、「花」においては名辞を除けば、季節と花材に関する語の占める割合が大きく技法のそれは小さい。一方、「茶」においては名辞を除けば、技法に関するそれの割合が大きく季節は小さい。花材もまた四季折々の草花が用いられることから季節性を帯びたものとみなせば、「花」と「茶」の番組内容は、「花」においては季節が主で技法は従、「茶」においては技法が主で季節が従という対照をなしていることになる。

片岡（1990）は、「視聴者の受容面」からとらえた放送メディアの特性について、「日常性」、「現実性」、「訴求性」、「浸透性」などを挙げている[451)]。放送メディアの「日常性」という観点からすれば、1年を通じて毎日放送されるテレビ番組は、四季折々の花々を見せるのに好適であり、そのことが季節に関する主題が多いことにつながったと考えられる。また、「花」は造形芸術であるから、映像が無いラジオによる伝播には限界があったのに対し、テレビであれば、映像によって形状を伝えることができる。したがって、花材を主題とする内容が多くなったと考えられる。

表9には示していないが、第2期以外の時期における副題については、次のような傾向がある。

まず「花」については、第1期では、「花」（名辞）48.5%（小数点第2位四捨五入、以下同）、季節16.2%、花材10.0%、技法11.7%、その他13.7%であり、第3期では、「花」（名辞）48.3%、季節8.3%、花材14.6%、技法12.6%、その他16.2%である。「花」（名辞）とその他を除けば、第1期では季節の比率が最も大きく、第3期では花材の比率が最も大きい。ここでも花材について季節性を持つものとみなせば、どの期においても番組内容は季節を主題とするものの比率が大きいということになる。季節と花材を合わせた比率は、第1期26.2%、第2期33.6%、第3期22.9%であり、第2期が最も大きい。

技法とは活け方を示すものであり、したがって、入門性を示すものとすれば、テレビ発展期における「花」を主題とする講座は、第4章で述べたとおり、入門性と季節性を併せ持っていたことになる。ただし、その比率は季節性のほうが大きいことは、この期に設置された「花」のみを主題とする放送枠『季節のいけばな』に冠せられた「季節」という語が象徴的に示してもいる。

次に「茶」については、第1期では、「茶」(名辞) 38.8%、季節2.2%、茶道具6.7%、技法35.1%、その他17.2%であり、第3期では、「茶」(名辞) 42.9%、季節1.9%、茶道具7.5%、技法36.8%、その他10.9%である。いずれの時期も、「茶」(名辞) とその他を除けば、季節に関する語と茶道具に関する語の比率が小さく、技法に関する語の比率が大きい。技法の比率は、第1期35.1%、第2期43.6%、第3期36.8%であり、第2期が最も大きい。

第2期は、放送本数においては「花」と「茶」の拮抗期でありながらも、放送内容においては、テレビメディアにおける両者の日本文化としての現れ方の違い、すなわち、「花」は主に季節、「茶」は主に技法という差異が他の期よりも相対的に強く示された時期だったといえる。

5.4「花」の本数減少と勅使河原父娘の死

「茶」優勢の要因

凸型の右端部である第3期、すなわち、1969年度から1981年度までは、放送本数において「茶」が「花」の1.8倍という、「茶」優勢期である。

この期のうち、1969年度から1971年度にかけての3年間は、「茶」の本数が前の期(第2期) と比べて同数あるいは増加しているのに対し、「花」は減少している。なぜこうした現象が生じたのだろうか。

変化が最初に現れるのは1969年度である。当時の資料には、この年度の『婦人百科』における制作体制について「地方制作として、大阪(いけ花・書道) 京都 (茶の湯) が参加した。[452]」と記されている。それまで東京の本部で制作していた『婦人百科』の一部を地方局(大阪局は近畿本部という位置づけ) へ移したのである。更に1971年度には、『婦人百科』を「近畿本部、および京都局で制作した[453]」。こうした制作体制の変更が「花」を主題とする講座の放送本数に大きな影響を与えたと考えられる。

制作体制の変更が放送本数に与えた影響について、「花」における出演者が属する流派の変動を分析することにより考察する。第1期から第3期までの「花」における流派ごと占有率の推移を表10に示す。

表10 「花」を主題とする講座における流派ごと占有率の推移

（小数点第2位四捨五入）

第1期（1952年度-1963年度）

	回数	割合
草月流	29	20.9%
勅使河原和風会	20	14.4%
安達式	19	13.7%
小原流	18	12.9%
古流松藤会	13	9.4%
池坊	11	7.9%
未生流中山文甫会	7	5.0%
松風流	5	3.6%
秀抱流	5	3.6%
国際いけ花協会	3	2.2%
その他	9	6.5%

第2期（1964年度-1968年度）

	回数	割合
草月流	31	13.1%
小原流	27	11.4%
勅使河原和風会	22	9.3%
嵯峨流	22	9.3%
池坊	20	8.5%
安達式	19	8.1%
未生流中山文甫会	19	8.1%
桑原専慶流	18	7.6%
古流松藤会	17	7.2%
専慶流	12	5.1%
その他（3）	29	12.3%

第3期（1969年度-1981年度）

	回数	割合
小原流	34	16.5%
龍生派	23	11.2%
勅使河原和風会	17	8.3%
御室流	14	6.8%
草月流	13	6.3%
正風遠州流	13	6.3%
斑鳩流	11	5.3%
古流松藤会	10	4.9%
紫雲華	10	4.9%
都未生流	10	4.9%
その他（18）	51	24.8%

（異なる流派が同じ回に出演している場合もあることから、回数の総和は放送回数のそれとは一致しない場合がある。）

第1期および第2期で最も大きな比率を占めており、第1位だった草月流が、第3期では、それまでの半分以下と比率を小さくし、第5位に順位を下げている。なお、表には示していないが、出演者では、草月流を代表する華道家である勅使河原霞の出演が1969年度に1回あるのみで、1970年度と1971年度は共に出演が無い。勅使河原霞の出演は、その前の1968年度、すなわち、第2期の最終年度に8回を数えていたことと比すると甚だしく減少している。

制作拠点が大阪に移った後、「花」の本数が減少したのは、草月流の出演数減少によるものだったことになる。

草月流はラジオ草創期から放送メディアへの出演が多く、ラジオ草創期、ラジオ戦時期および占領期、ラジオからテレビへの転換期のいずれにおいても、そしてテレビ発展期においても凸型中央部にあたる第２期までは、常に最も大きな占有率を有しており、「花」を主題とする講座の主役ともいえる存在だった。その草月流が首位の座を小原流に明け渡したということは、「花」と放送メディアとの歴史において画期となる出来事[454]である。

草月流は東京が本拠である。一方、小原流は関西が興隆の地であり、関西に拠点を持つ。女性向け教養番組の制作拠点が関西に移ったことが、収録の利便性に影響し、両者の出演回数の差をもたらした一因と考えられる。

放送メディアが映し出す「花」と「茶」の差異

一方、「茶」を主題とする講座の本数が前期（第２期）と比べて同数あるいはむしろ増加しているのは、「茶」の三千家が京都を本拠としていたことに起因するともいえるだろう。制作局が関西に移ったことは、「茶」を主題とする講座の制作にとって、収録の利便性に影響したと考えられるからである。

第１期から第３期までの「茶」における流派ごと占有率の推移を表11に示す。

表11　「茶」を主題とする講座における流派ごと占有率の推移

（小数点第２位四捨五入）

第１期（1952年度-1963年度）

	回数	割合
裏千家	27	56.3%
表千家	13	27.1%
茶道家	4	8.3%
煎茶	2	4.2%
歴史学者	1	2.1%
武者小路千家	1	2.1%

第２期（1964年度-1968年度）

	回数	割合
裏千家	113	48.5%
表千家	70	30.0%
煎茶	26	11.2%
武者小路千家	13	5.6%
藪内流	11	4.7%

第３期（1969年度-1981年度）

	回数	割合
表千家	135	36.5%
裏千家	115	31.1%
武者小路千家	68	18.4%
藪内流	44	11.9%
宗徧流	4	1.1%
遠州流	4	1.1%

流派の比率について、「花」と「茶」を比較すると、「花」においては流派が細分化されているのに対し、「茶」では煎茶を除けばほぼ三千家（表千家、裏千家、武者小路千家）によって寡占されている[455]という違いがある。

「花」が昭和初期の草月流の勃興に表されるように、東京にも大きな流派を生み出し、前衛いけばなが流行するという、従来の枠にとらわれない変化を続けてきたのに対し、「茶」には「花」のそれに匹敵するような新興流派の登場や前衛ブームはみられず、京都を拠点とし続けてきた。「ある茶道の家元が、（中略）強い言葉で前衛いけばなを非難したということだが、彼らにとってはこうしたいけばなはまったく理解できないものであった[456]」とも評される。こうした日本文化としての「花」と「茶」のあり方の違いが、制作拠点の東京から関西への移動により、両者の放送本数の差となって現れたといえるだろう。

制作体制変更の背景

制作拠点の移動という女性向け教養番組制作体制変更の背景には、当時の社会情勢があったと考えられる。東京オリンピックから大阪万博へと至る高度成長によって豊かになった日本では、余暇の増大に伴う新たなレジャー志向が強まった結果、1970年頃にはボウリングブームやゴルフ場の建設ラッシュが起こり、カメラの普及が進んだ。また、1973年には釣りを主題とする漫画が人気を博した。こうした社会情勢に対応するため、「花」および「茶」を主題とする女性向け教養番組の、もともとの拠点であった東京本部は、この時期、『婦人百科』とは異なる、別の放送枠の開発と制作を新たにおこなっていた。

別の放送枠とは、1971年度に新設された『趣味の30分』である。これは、視聴者層を女性に限らない放送枠で、主題は、「釣り」、「ボウリング」、「写真」、「コレクション」、「ゴルフ」、「ビリヤード」などである。放送開始時刻は、午後11時15分に設定された。勤務先から帰宅した男性層がニュースなど他の番組を見終わる頃に合わせた戦略的な設定といえる。当時の編成の記録には、この『趣味の30分』について「余暇の拡大とともに、趣味人口の増加、その多様化など、現代のくらしのなかに占める趣味の比重は年毎に重くなってきている。そうした時代的要請に応えるために新設した[457]」と記されている。

一方、この年度の『婦人百科』は前年度まで月曜日から木曜日までの４枠だったのが、１枠削られて月曜日から水曜日までの３枠になり、空いた１枠（木曜日）には『趣味の 30 分』の再放送が設置されることになった。

こうした編成は、高度成長に伴う趣味の多様化という社会情勢を反映するものでもあったといえる。

日本人の余暇の過ごし方の変化に教養番組のあり方が呼応することは、既に 1960 年代末に荒牧（1968）が「これは教養・娯楽費の支出の漸増とともに、映画・演劇・『見るスポーツ』等から、旅行・『するスポーツ』『日曜大工・庭いじり』など能動的な余暇利用の仕方の増大に見合うともいえよう。[458]」と指摘していたことであった。

また、1973 年に発行された『婦人百科』テキストの誌面には、番組制作者側の問題意識を伝える次のような一文がある。

> 余暇ということが、今日ほど盛んに論議されたことはありません。
>
> つい数年前まで、余暇はまだ私たちの生活の中に定着しておらず、何か“ぜいたく”な感じのすることばとして受け取られていました。ところが、今や余暇はお金とひまをもてあましている人々だけの問題ではなく、くらしの中で“自由に選択し行動する時間”として毎日の生活に深い関係をもつことになったのです。[459]

こうした考え方が当時の番組編成に反映されているとみなすこともできるだろう。

その後、制作体制が復したと考えられる[460]後も、「花」の本数は回復しなかった。また、1970 年代中盤以降、「茶」の放送本数も、相対的には「花」に対して優位を保ちつつも、「花」の後を追うように減少した。そこには、二度の石油ショックによる低成長下での余暇増大と更なるレジャーの多様化において、「花」および「茶」という「お稽古ごと」は沈滞していく傾向が窺える。

第3期の終わりに近い1979（昭和54）年、草月流の初代家元、勅使河原蒼風が世を去る。そして、翌1980年に後を追うようにして二代家元、勅使河原霞も病没する。勅使河原霞の最後の講座は1977年に連続12回講義した「いけばなの基礎」だった。この講座は、入門性と季節性を併せ持つ連続型講座だったが、この講座を最後として、以後、副題の分析に拠る限り女性向け教養番組における「花」を主題とする講座から入門性は消失し、季節性のみが残留する。そして、連続型講座における放送の連続数も、これ以後、年度を追って減少し、テレビ発展期の末にあたる1980年度、1981年度は、毎月1本が定期的に放送される単発型のみとなる。

ラジオ草創期以来、「花」を主題とする講座の主役だった草月流の父そして娘の死と相前後して、女性向け教養番組の歴史は、一つの区切りを迎えたのである。以後、1980年代には、テレビの視聴時間が減少に転じ、「テレビ離れ」と呼ばれる時期を迎える。それに伴って、女性向け教養番組における「花」を主題とする講座も、時代の要請に応じた変化にさらされることになる。

コラム

「花」のライバル　勅使河原霞と安達瞳子

テレビ発展期において、勅使河原霞と同様の脚光を浴びた女性華道家がいる。安達式挿花の家元・安達潮花の娘、安達瞳子（あだちとうこ）である。安達式は、ラジオ草創期に、計5回「花」を主題とする講座を担当しており、講師はいずれの場合も安達潮花だった。ところが、テレビでの出演は、潮花が、計5回であるのに対し、娘の安達瞳子は24回出演している。

勅使河原霞と安達瞳子は、年齢も近く、共に大流派の家元の娘として生まれ、才能に恵まれるという点で、多くの共通点を持っていた。

テレビでの「花」を主題とする講座への初出演は、勅使河原霞が1954年3月2日、安達瞳子が1956年3月1日である。初めてテレビでの「花」

を主題とする講座を担当した時、勅使河原霞が21歳だったのに対し、安達瞳子は19歳だった。二人は、「花」を主題とする講座だけでなく、当時開発中だったカラーテレビの実験放送にも複数回出演しており、いわゆる「テレビ写り」も勘案されていたと考えられる。

テレビでの女性向け教養番組への出演を重ねた後、勅使河原霞は1961年の『紅白歌合戦』に、安達瞳子は1965年の『紅白歌合戦』に、それぞれ審査委員として出演しており、共に国民的人気を集める存在となっていたことがうかがえる[461)]。二人の年齢差が4であることを考え合わせると、二人はほぼ同じようなテレビ出演歴をたどったことになる。『紅白歌合戦』出演までの期間における二人のテレビでの「花」を主題とする講座への出演回数もまた、勅使河原霞が24、安達瞳子も24と拮抗している。勅使河原霞と同様、安達瞳子もクイズ番組の回答者として定期的に出演する[462)]など、華道家にとどまらない活躍をみせた。

二人は共に「美しい人」と評されたが、その性格は、霞が「明るい顔がいつも表を向いている人[463)]」とされる一方、瞳子が「静かで寡黙な少女だった[464)]」とされていることから、相異なったものだったと考えられる。しかし、共に華道家として「天才」だったことに加え、「花」の領域を越えた活躍をしていたことに変わりは無い。

こうしたことから、二人をライバルとみなそうとする風潮もあった。勅使河原霞は、1963年に受けた週刊誌のインタビューで、安達瞳子について「評されよ」と迫られた。この時は、「(きたなという感じで) なんでも知っていらっしゃる頭のいい方。一度お目にかかりたい」と答えている[465)]。そうした世間の目はともかく、二人は共に、自分の「花」を極めようとしていたにちがいない。霞は草月流の中においてではあるが、霞教室を開いて独自の活躍をし、蒼風の死後は二代家元となった。瞳子は父の元を離れて花芸安達流を創設したが、後に安達式挿花を統合した。

1964年度に、「花」のみを題材とする独立した放送枠『季節のいけばな』が新設され、大規模な連続型講座が開始された時、その最初の講師として4月から出演したのが勅使河原霞であり、二人目の講師として7月から出演したのが安達瞳子だった。連続講義回数は霞が13回、瞳子が11回である。二人は、テレビにおける「花」を主題とする講座のまさに双璧をなす存在だったことになる。この時、勅使河原霞には助手として木戸きみえが、安達瞳子には同じく助手として宮坂花恵、小林智恵子、皆川信子が入れ代わりで出演した。両者共に万全の体制で新たな放送枠での出演に臨もうとしていたことが窺える。

また、この時の講義では、勅使河原霞が最終回に「質問に答えて」という回を設けて視聴者の疑問に対応しようとする試みをおこなう一方、安達瞳子は「菊」を題材とした回にゲストとして演劇評論家であり作家でもある戸板康二を招いている。両者それぞれ放送での講義に工夫を凝らしていたのである。

1970年代末の調査ではあるが、講座番組に関して「『質問ができないから受け身の学習になる』という一方向でフィードバックのない学習に対する不満」[466)]が指摘されていた。勅使河原霞の試みは、こうした放送メディアの欠陥を、「質問に答える回」を最後に設けることによって、補おうとするものであったといえるだろう。また、安達瞳子がゲストを招いたのは、単なる講義に留まらず、「花」に関するさまざまな話題を展開するトーク番組としての要素を盛り込もうと企図したものであったろう。

同様のことは他の講師もおこなっている場合があるが、二人の試みは、その講座が単なる講義の中継にとどまらず、放送メディアの特性を踏まえた番組制作がおこなわれた場でもあったことを示すといえる。

テレビ変化期の女性向け教養番組と「花」

概説 テレビ変化期の放送メディアと女性向け教養番組

「テレビ離れ」の発生

勅使河原蒼風と霞が相次いで世を去った後の1980年代、昭和期放送メディアは、視聴時間の減少に伴う大きな変化の時期を迎えた。日本におけるテレビ放送は、1970年代半ばに視聴時間のピークを記録し、その後「漸減しながらではあるが、比較的安定した状態[467)]」を保っていた。それが、「1980年代に入ると視聴時間に減少の兆しがみえ始め（中略）85年には視聴時間は3時間にまで減少した[468)]」のである。

テレビを取り巻く状況の変化は早い時期から懸念され、井上（1981）は、テレビが「いつ見てもきまりきったパターンをなぞる（中略）マンネリズムの文化を生み出し（中略）新しい価値観を用意するものでもなく、新しい世界を見せるわけでもない、既成の世界をなぞる番組群」が存在すると指摘[469)]している。また、「テレビが新しい段階に歩を進め出した、あるいは進めざるをえない段階を迎えるに至ったということは確かなようである。テレビを取り巻く外在的、あるいは内在的な諸条件が、新しい段階を準備しつつあるように思われる[470)]。」とも記している。新たな試みとしては、既に1970年代の半ばから、定時番組の枠を越える大型特集番組や長時間編成がおこなわれていたが、視聴時間の漸減傾向は変わらなかった。

こうした視聴時間減少の要因については、さまざまな検討がなされた。たとえば、1982年に実施された「テレビ30年調査」は、「人びとのテレビ以外の余暇行動の増加やテレビ自体の放送内容のマンネリ化、質の低下などを指摘[471]」していた。また、この時期には「ニュー・メディア」が喧伝され、「ビデオやテレビゲームの普及は、テレビの位置づけをその利用面において、唯一絶対のメディアから目的によって使い分けられるメディアの１つへと変えていった[472]」ことも視聴時間減少の要因とみなされていた。

「85年ごろに初めて遭遇したテレビ視聴時間の減少に対し、“テレビ離れ”という言葉も使われ、このままテレビ視聴時間が減り続けるのではないかと、テレビ関係者は危惧した[473]」という。

しかし、1985（昭和60）年を底として、「86年以降視聴時間は漸増傾向に転じ[474]」た。図17は1980年代（1980年から1989年まで）におけるテレビ視聴時間の推移を示す[475]ものである。

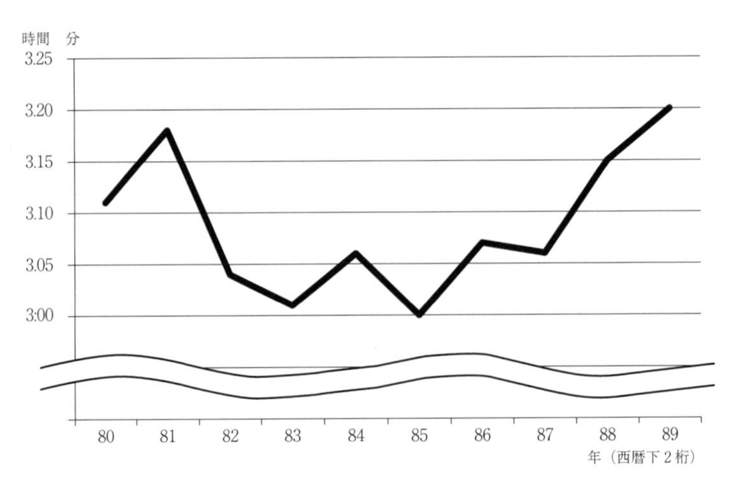

図17　テレビ視聴時間の推移

図に示したように、視聴時間は、1982年に急落した後、増減を繰り返しながらも、1985年を底とするＶ字形をなして推移している。視聴時間がＶ字回復をした理由については、新機軸番組の台頭やVTR機材の小型化と中継技術の向上といったテクノロジーの進歩による映像の多様化、あるいは、余暇時間のさらなる増大によるテレビへの回帰など、さまざまな考察が、戸村（1991a）や戸村・白石（1993）らによってなされている。

新機軸番組と「教養の娯楽化」

特に番組については、この時期に、「教養の娯楽化」や「報道の劇場化」という大きな変化が生じ、『クイズ面白ゼミナール』、『なるほど！ザ・ワールド』など教養番組や紀行番組と娯楽番組を融合させたクイズバラエティーの台頭や『ニュースステーション』に代表されるニュースショーの出現など、新機軸番組が輩出したことが、目にみえる形での変化として挙げられている[476)][477)]。生田（1964）は、娯楽番組であっても教養番組となりうると考察していたが[478)]、その考察はジャンルの分別を前提としていた。しかし、1980年代には、テレビ番組におけるジャンルの混淆が進展し、教養番組と報道番組や娯楽番組が溶融する現象が生じたのである。藤岡（1988）は、1980年代の教養番組を概観して、教養番組と報道番組や娯楽番組の境界が曖昧になったことを指摘し、「放送番組の中でも教養番組の無境界化はとりわけ顕著なものであろう[479)]」と記している。藤岡（1985）はまた、利用者調査の結果から一般向けの講座番組『NHK市民大学』について、「“有用さ”は多少犠牲にしても“面白さ”を前面に打ち出した番組づくりが求められよう[480)]」と指摘している。面白さを前面に出すための演出としては、アナウンサーではなくタレントの司会者への起用、スタジオ番組でのVTR再生の挿入、音楽や効果音の多用などが、「教養の娯楽化」の特徴として挙げられるだろう。

『NHK年鑑』においては、1985年度の編成を記録した『NHK年鑑'86』から、前年度まではあった番組ジャンル別の記載が無くなって、放送時間帯別の記載に変わった。それは、西野（1993）が、1980年代以降の編成動向について、「近年、歌謡曲番組の情報番組化、クイズ番組の知的エンターテインメント番組化など番組のオフ・ジャンル化もますます進んで、番組内容の分類はさらに難しくなっている[481)]」と記したこと

第6章

と呼応した現象ともいえるだろう。

「新しい段階」としてのテレビ変化期

1981年に井上が指摘[482)]したように、テレビは、1980年代を境として技術や番組の変革に伴う「新しい段階」となったのである。

戸村（1991a）は、1980年代の視聴動向について、1981年頃までを「安定期」、1982年から1987年頃までを「低迷期」としている[483)]。戸村（1993）はまた、「国民全体の視聴動向を見る上で、女性はパイロット的役割を果たしている[484)]」と評し、「女性の視聴時間量（ママ）がピークとなったのは76年であることは国民全体と同じであるが、最低を記録したのは82年であり、全体が最も低くなった85年より数年早かった[485)]」と記している。放送史の上では、1982年度は、テレビ放送開始（1952年度）から30年という節目にあたっており、10月に「テレビ30年調査」が実施された。この時点で、「テレビに対する興味がある人」は48%と1974年の調査に比して10ポイントも下落[486)]し、「テレビ離れ」が視聴意向の点でも鮮明になった。これらのことから1982年度は放送史の上で一つの画期とみなすことができる。

一方、1982年度から10年後の1992年度はテレビ放送開始40年にあたり、やはり10月に「テレビ40年調査」が実施された。そして、「テレビに対して興味のある人」は54%に回復したのである。このことから、1992年度も放送史の一つの画期とみなすことができる。また、1992年度末には女性向け教養番組『婦人百科』が終了した。

したがって、1982年度から1992年度を、本書では、女性向け教養番組の歴史における一つの時期区分ととらえる。そして、この時期が放送史の上では、新機軸番組を輩出し、その後のテレビ番組の方向性を決定づけた変化の時期にあたっていることから、テレビ変化期と呼称する。

1980年代における視聴時間の減少は、まず女性層において現れたことから、女性向け教養番組においても、視聴時間の減少に対して、なんらかの変化が模索されたと想定される。しかし、この時期における女性向け教養番組は、『婦人百科』と『きょうの料理』が継続しており、新たな放送枠は設置されていない[487]。女性向け教養番組の歴史においては、ラジオ草創期には『家庭講座』の創設、ラジオ戦時期には『戦時家庭の時間』の設置、ラジオ占領期には「性格を一変した[488]」『婦人の時間』の復活や『女性教室』の新設、テレビ発展期には『婦人百科』の新設など、放送史の節目ごとに、その時期を象徴する新番組（放送枠）が設置された。ところが、テレビ変化期には新たな番組（放送枠）は設置されなかったのである。では、「花」を主題とする講座には、なんらかの変化が現れているだろうか。

6.1 変化の中の「花」

変わることがなかった「花」

テレビ変化期の『婦人百科』では、「花」、「茶」、「書道」、「短歌」、「俳句」など、さまざまな主題が採り上げられた。このうち、テレビ変化期において毎年度、主題として採り上げられているのは、「花」と「茶」であるが、「花」が毎年度ほぼ毎月一本規則的に編成されているのに対し、「茶」は、1982年度は11月、12月、1月、1983年度は6月、7月、1月、2月、1988年度は6月と2月、1989年度は11月と3月というように、散発的で不定期な編成となっている。また、「書道」は、1983年度までと1988年度にしか採り上げられておらず[489]、「短歌」と「俳句」は、1984年度までしか採り上げられていない[490]。

テレビ変化期において、「茶」の放送がテレビ発展期にはあった編成の定期性を喪失したのに対し、「花」はテレビ変化期においても、その編成の定期性を維持していたことになる。

「花」を主題とする講座は、ラジオ草創期においては、近代流派の出演者を多く起用し、特に草月流の発展に寄与した。ラジオ戦時期および占領期においては、放送本数を激減させた。ラジオからテレビへの転換期においては、メディアごとの棲み分けを生じさせ、テレビの特性に応じた出演者を生んだ。テレビ発展期では、放送本数の凸型遷移を示した。このように、「花」を主題とする講座は、放送史の各時期で、本数あるいは出演者に関して、時期ごとに特徴となる事象を現してきたのである。

では、テレビ変化期ではどうか。図18に、テレビ変化期の女性向け教養番組『婦人百科』における「花」を主題とする講座の年度ごと放送本数の推移を示す。

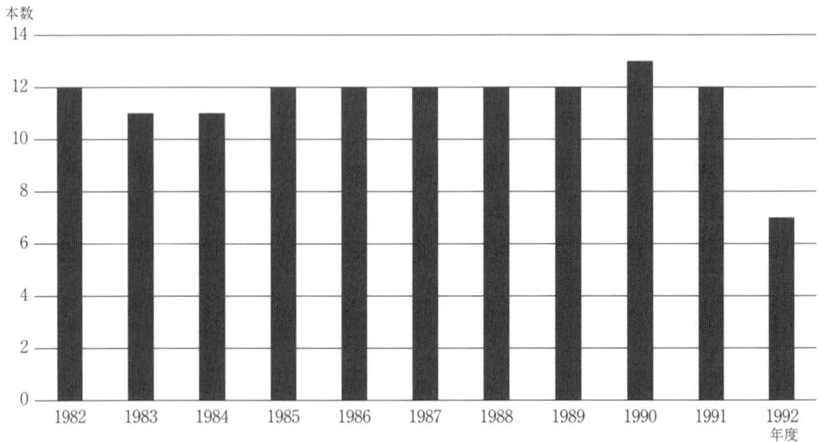

図18　テレビ変化期の女性向け教養番組における「花」を主題とする講座の年度ごと放送本数（1982年度〜1992年度）

テレビ変化期の女性向け教養番組において、「花」を主題とする講座は、126本が放送された（再放送を除く）。1年度あたりの平均本数は11.5（小数点第2位四捨五入、以下同）、標準偏差は1.5である。

数値上でのテレビ変化期における「花」を主題とする講座の特徴は、他の期に比して標準偏差の値が際立って小さいことである。

では、講座の類型と内容ではどうだろうか。この時期の「花」を主題とする講座は、放送の連続性の観点からは、1992年度末の3回連続講義を唯一の例外として、いずれも1回のみ、すなわち、単発型の講座である。

各回の副題は、1982年度が各月ごとに「1月のいけばな」、「2月のいけばな」とその月の数を冠したものとなっている[491)]のを始め、1983年度以降でも、ほとんどが時節を表すものである。一方、テレビ発展期の連続型講座での副題に付せられていた「いけ方」、「花型」、「基本」、「基礎」といった入門性を表す語は、1993（平成５）年１月の「はじめてのあなたに」を除いて、この期の副題には付せられていない。

これらのことから、この期の「花」を主題とする講座は、単発型で季節性を主旨とするものがほとんどであったといえる。

季節性を主旨とする単発型講座を毎月１本放送するという形態は、第５章で示したとおり、テレビ発展期の末期である1980年度に出現した編成であるが、続くテレビ変化期の末期まで踏襲されている。

出演者の構成はどうか。講師の出演回数は細分化が進んでおり、際立って多くの出演をしている者は現れない。

テレビ変化期の「花」を主題とする講座は、放送の頻度は原則として月１本（1992年度を除く）と定期的であり、連続性の観点からは単発型で一貫しており、副題に示された内容は季節性を主旨とするものがほとんどであり、出演者の構成にも際立った変化が無いといえる。

このように、テレビ変化期のさなかにあるにもかかわらず、女性向け教養番組における「花」を主題とする講座には、表立った変化が現れていない。

副題に残された変化の痕跡

とはいえ、副題の記述をより仔細に観察すると、年度を追って変化を認めることができる。表12は、1980年代初頭にあたる1980年４月、中期にあたる1985年４月、末期にあたる1989年４月における、それぞれの副題を比較したものである。

表に示したとおり、1980年４月の副題は、「４月のいけばな」と時節（４月）を表す名詞に「いけばな」という名詞を付した記述であったのが、1985年４月には、「いけ花―春の彩をいける」と

表12　テレビ変化期における「花」を主題とする講座の時期別副題

放送年月	副題
1980年４月	４月のいけばな
1985年４月	いけ花―春の彩をいける
1989年４月	陽光のみどりをいける

「いけ花」という名詞に「春」という季節を表す名詞と「いける」という動詞が付記され、1989年4月には、「陽光のみどりをいける」となって、「いけばな」や「いけ花」など「花」を表す名詞が消失し、「陽光」、「みどり」という季節を表す名詞に「いける」という動詞を付した記述となっている。

6.2 「花」の移ろい

「いけばな」から「いける」へ

そこで、「花」を主題とする講座について、より詳細に分析することとし、副題に現れた語句のうち、名詞「いけばな」と動詞「いける」を抽出した。副題には表記揺れがあるため、「いけばな」には、「いけ花」、「生花」を含め、「いける」には、「生ける」、「活ける」を含めることによって統制した。また、名詞「お花」および複合動詞「いけ直す」も、この時期の副題においては、それぞれ「いけばな」または「いける」と同様の意味で用いられているものとみなし、「いけばな」または「いける」に分別した。抽出した「いけばな」と「いける」の比率の年度ごと推移を図19に示す。

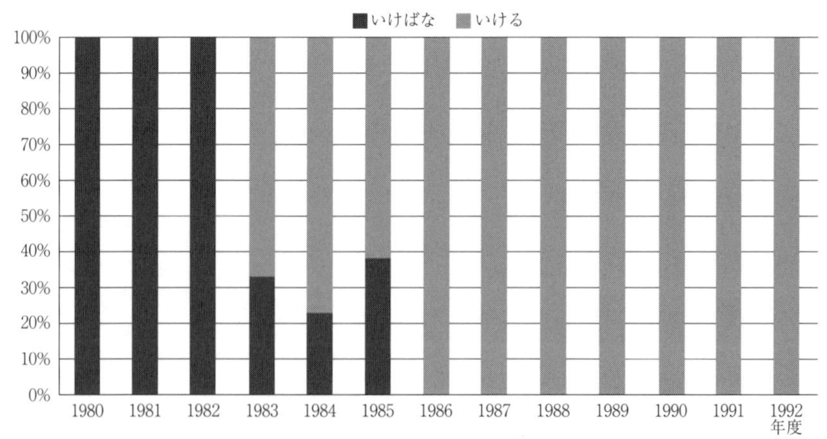

図19 「花」を主題とする講座における「いけばな」と「いける」の年度ごと比率推移（1980年度～1992年度）

図19に示すとおり、1980年度から1982年度までの3年間は、「いけばな」のみで、「いける」は現れない。1983年度から1985年度までの3年間は、「いける」と「いけばな」が共存し、割合は「いける」のほうが大きい。1986年度から1989年度以降は、「いける」のみで「いけばな」は現れない。テレビ変化期の『婦人百科』における「花」を主題とする講座は、ほとんどが単発型の季節性を主旨とする内容で一貫している。しかし、その副題に用いられる品詞には、名詞「いけばな」から動詞「いける」へという遷移が生じていたことになる。

6.3『婦人百科』番組概要の転変

「教養」から「実技」へ

この遷移には、なんらかの要因が介在していると考えられる。

各年度の『NHK年鑑』[492]によれば、1980年代における『婦人百科』の番組（放送枠）概要は、表13のように推移している。

表13　1980年代における『婦人百科』の年度ごと変遷

年度	番組（放送枠）概要
1980	家庭婦人を対象とする趣味と教養を兼ねた実用番組。
1981	家庭婦人を対象とする趣味と教養を兼ねた実用番組。
1982	家庭婦人を対象とする趣味と教養を兼ねた実用番組。
1983	家庭婦人を対象とする趣味と教養を兼ねた実用番組。
1984	家庭婦人を対象とする趣味と教養を兼ねた実用番組。
1985	家庭婦人を対象とする、実技指導を中心にした実用番組。
1986	家庭婦人を対象とする、実技指導を中心にした実用番組。
1987	家庭婦人を対象とする、実技指導を中心にした実用番組。 また、“男性”も視聴者に取り込む編成をした。
1988	主に家庭婦人から男性までを対象とする実技指導を中心とした実用番組。
1989	主に家庭婦人を対象に、男性までを含めた、実技指導中心の実用番組。

表13に示したように、『婦人百科』の番組概要におけるキーワードは、1985年度にそれまでと異なるものに変化している。1984年度までは「趣味と教養を兼ねた」実用番組だったのが、1985年度以降は「実技指導を中心にした」実用番組となった。また、対象視聴者層についても、1986年度までは「家庭婦人」のみが対象だったが、1987年度から「男性」も対象に加える記述が出現する。これらのことから、1980年代における『婦人百科』は、その対象視聴者層とキーワードに基づき、三つの時期に区分できる。表13を整理して、その区分を示せば表14のようになる。

表14　1980年代『婦人百科』の時期区分

時期区分(年度)	対象視聴者層	キーワード
Ⅰ（1980-84）	家庭婦人	趣味と教養
Ⅱ（1985-86）	家庭婦人	実技指導
Ⅲ（1987-89）	家庭婦人と男性	実技指導

表14に示したように、『婦人百科』においては、1980年代の半ば以降において、まずキーワードが「趣味と教養」から「実技指導」へと転換された。次いで、「家庭婦人」のみという対象視聴者層の限定を緩和して「男性」を付加することがおこなわれた。

そこで、まず、「番組概要」におけるキーワードの変化と「花」を主題とする講座の副題に用いられる品詞における名詞から動詞への遷移の関係について検討する。[493)]

「番組概要」においては、1984年度までは「趣味と教養」がキーワードとなっていたが、1985年度以降は、「実技指導」がキーワードとなっている。

山口明穂編『国文法講座』は、名詞と動詞を対比して論じ、「意味の面からの分類」において、名詞を「ア、事物の名称を表す」ものとし、動詞を「イ、動きのある事態を表す」ものとした上で、「この、意味の面からの分類は、語の形に対応する。アが活用しないのは事物を静の物として捉えたからと考えられる。それに対して、イは動であり、それは刻々と変化して行く。変化しない事物、変化する動き、その捉え分けが、アとイとの間の活用しない、するの違いに反映していると考えられる」と述べている。[494)]

本書は、この考え方に立脚し、名詞は事物を「静の物」として捉える性格を有するものとし、動詞は事物を「動（の物）」として捉える性格を有するものとして規定する。

「番組の概要」に現れる「趣味と教養」および「実技指導」は共に名詞ではあるが、前者の「趣味と教養」が「静の物」である名詞「趣味」と「教養」を併置した表現であるのに対し、後者における「指導」はサ変動詞「する」と複合して「指導する」となりうることから動作の意味合いを強く持つ、すなわち、「動」としての性格を有しているといえる。

したがって、「趣味と教養」から「実技指導」へと制作方針が移行されたことと、「静の物」である名詞を使う表現から「動」である動詞を使う表現へと副題の内容が遷移したこととは、意識的であるか無意識的であるかに関わらず、表現の上では呼応しているとみなすこともできるだろう。

「家庭婦人」から「家庭婦人と男性」へ

次に、『婦人百科』の対象視聴者層が「家庭婦人」のみから「家庭婦人と男性」へと変化したことと「花」を主題とする講座の副題に用いられる品詞における名詞から動詞への遷移の関係について検討する。

対象視聴者層が変化したことの背景には、女性の社会進出によって、家庭にいる女性（家庭婦人）という対象視聴者層の存在が相対的に希薄化したことがある。女性就業者数は、1960 年には 1807 万人だったが、1980 年には 2142 万人へと増加し、特に工場や事務所に勤める女性は、1960 年の 738 万人が 1980 年には 1354 万人とほぼ倍増した[495]。既に 1976 年度から『婦人百科』は夜 9 時台に再放送枠が設けられ、「勤労者や忙しい人たちの要望にこたえ[496]」ていた。古田（1999）は「『婦人百科』の夜 9 時台の再放送は、働く女性の増加へのいち早い対応[497]」だったとしている。家庭にいる女性の存在が希薄化した結果が、対象視聴者層において、1987 年度以降、表 13 に示した、「家庭婦人（家庭にいる女性）」のみから「男性も」、「男性までを」、「男性までを含めた」といった記述への変化を生んだのである。なお、対象視聴者層の拡大は、1984 年度の組織改正によって、『婦人百科』の担当部局が、それまでの家庭部から新たに設けられた生涯教育部へと移管されたこととも関連していよう。

対象視聴者層が変化したことの背景にはまた、女性の社会進出に加えて、日本人の余暇の過ごし方の変化も介在していると考えられる。

日本人の余暇の過ごし方の変化に教養番組のあり方が呼応することは、第5章に記したとおり、1960年代末に荒牧（1968）が指摘していた[498]ことであった。

また、同じ頃に見田・吉田（1967）は、教養番組の将来は「スタティックな教養からダイナミックな教養へという『教養』概念そのものの不可避的な変革を制作者たちがどのように自覚して先取りしていくか[499]」が問題であると述べていた。1980年代に、女性向け教養番組である『婦人百科』の番組概要に示された記述の変化は、見田らの先見的な指摘がはからずも具現化したものであるともいえる。

新しい関係の模索

1980年度以降における女性向け教養番組『女性百科』での、「花」を主題とする講座は、当初3年間は副題に「いけばな」のみが用いられ、その次の3年間は副題に「いけばな」と「いける」が併存し、それ以降は副題には「いける」のみが用いられる、というように、期を追って変化している。テレビ変化期の「花」を主題とする講座は、副題における名詞「いけばな」と動詞「いける」の比率推移によって、名詞「いけばな」のみの時期、名詞「いけばな」と動詞「いける」が併存する時期、動詞「いける」のみの時期の三つに区分できることになる。

戸村（1991a）は、1980年代の視聴動向について、1981年頃までを「安定期」、1982～87年頃までを「低迷期」とした上で、1988年頃からを「展開期」として、三つの時期に区分した[500]。「花」を主題とする講座における「いけばな」と「いける」の比率推移が示す三つの時期区分は、この戸村の時期区分と1年程度の階差を持って概ね符合している。戸村は、1982年から1987年頃までの「低迷期」を「テレビの送り手は視聴者との新しい関係を模索していたようにみえる[501]」時期としている。この「模索」が、「いけばな」から「いける」へと遷移する過程での両者の併存に符合するとみなすこともできるだろう。

1980年代だけではなく、それ以前をも視野に入れて俯瞰すれば、1970年代の『婦人百科』での「花」を主題とする講座においても、動詞「いける」は、1973年度と1974年度を除き、各年度に出現していた。しかし、それは、「花」を主題とする講座が、入門性を主旨とする連続型講座を併せ持っていた時代のことだった。1980年代においては、「花」を主題とする講座は、季節性を主旨とする単発型講座に収斂した結果、当初の3年間は、その副題は、当該月の数詞を冠するだけのものに単純化することとなった。その副題に、1980年代半ばから「いける」が出現し、やがて「いけばな」に取って代わって「いける」のみとなるのは、単発型の季節性のみに収斂したとはいっても、時代の変化への対応が生じた結果だったとも考えられる。

テレビ変化期において、番組の形式には表立った変化がなかった女性向け教養番組『婦人百科』では、女性の社会進出および余暇活用の多様化という社会情勢に呼応して、番組概要が変化しており、特に「花」を主題とする講座では、副題における名詞「いけばな」から動詞「いける」への遷移が、対象視聴者層の位置づけの変化と同期して現れたといえる。

6.4 対象視聴者層の変容と女性向け教養番組の終結

女性の変化と「花」の沈滞

テレビ変化期以降、日本におけるテレビの視聴時間は、「1985年前後を底に、再び増加の道をたどりはじめ（中略）、95年に3時間30分を超え[502]」2003年頃には「3時間45分前後にまで伸びて安定[503]」する。そして、その後、インターネットが台頭するまでの間、テレビは概ね安定した視聴時間を保ち続けることになる。

一方、女性向け教養番組にとって、1980年代は、その理念の変容へと向かう時期でもあった。1987年度から『婦人百科』の対象視聴者層に男性が加えられ始めた時点で、1925年のラジオ放送開始以来、連綿として受け継がれてきた「女性向け」という類別は意義を失った。こうした現象は、当時の社会変化を反映したものだった。椎名（1977）は世論調査を比較分析した結果、1970 年代後半の時点で既に女性たちには「女性にもできるだけ高等教育を受けさせ、『男は仕事、女は家庭』というふうに男女の役割を固定化せず、夫婦で台所仕事や家事を分担し合いながら、結婚しても職業を通してできるだけ社会とつながりをもち続けた方がよいという社会参加の意識の高まりが認められる[504]」と考察している。また、斎藤ら（1984）は、1980 年代半ばにおこなわれた、東京都の女性 3000 人（20～59 歳）への調査によって、「六割の人が何らかの仕事をしており、純然たる家庭婦人（専業主婦）は三八％に[505]」とどまる上、「現在、家事に専念している家庭婦人の就業希望」についても「パートタイムの仕事を含めて、『勤めに出たい』と思っている人は、家庭婦人全体の三七％で、若い人ほど多く、高年層ほど少ない[506]」という結果が得られたと記している。これらのことに加え、いわゆる男女雇用機会均等法が 1986 年より施行されたことも要因として付加することができよう。女性が「家庭にいる」べき者とのみ見なされた時代がはるかに遠くなった時点で、女性向け教養番組における「文化の機会均等」は、その使命を終えたともいえる。

そして、1980 年代における社会情勢はまた、女性向け教養番組の中核的主題だった「花」にもその位置づけの変化をもたらしていた。今井（2000a）は、「いけばなにおける沈滞要因の考察」において、すでに「いけばな人口は高度成長時代の 1970 年前後にピークを迎えた以降、減少傾向に[507]」転じていたと記している。そして、「女性のライフスタイルが変化したことを受け、いけばなを習おうと考えた場合、親戚縁者の勧誘や紹介ではなく、自由に流派を選べるとするなら、かわいい花を展開している彩色挿花の流派か、フラワー・デザインを選ぶことになる[508]」と考察している。

1991 年におこなわれた「社会生活基本調査」では、「花」（この調査では「華道」）の行動者率は男性 0.15％（小数点第 3 位四捨五入・以下同）、女性 6.89％と 5 年前の調査に比して、男女ともほぼ半減した[509]。女性のものというイメージを払拭する暇もなく、「花」は急速に「沈滞」へと向かったのである。

『婦人百科』の「花」を主題とする講座では、「花」が「沈滞」しつつある状況下で、変化への模索が続けられていたことになる。そして、この変化は、1990年代での、女性向け教養番組における新たな放送枠の設置へとつながる動きによって、更に顕著となる。

新たな変化への萌芽

表15は、1990年度から『婦人百科』が終了する1992年度までの年度ごと編成方針を示す番組（放送枠）概要[510)]を列挙したものである。

表15　1990年代における『婦人百科』番組（放送枠）概要の年度ごと変遷

年度	番組（放送枠）概要
1990	手工芸やニット・和洋裁など実際に作り上げることを知る実用番組。 女性ばかりでなく男性のニーズにもこたえられるカルチャーセンター的要素も盛り込んで放送した。さらにファッションや生け花、茶の湯などグラビア的な生活に潤いをもたらす内容や生活情報も含めて放送した。
1991	手工芸・ニット・和洋裁などの実用番組。 ファッション・いけ花・茶の湯など季節のグラビア的な要素も含めて編成した。
1992	手工芸・ニット・和洋裁などの生活実用番組。 4[511)]年度からは月曜を「おしゃれタイム」として新設、装いや住環境のワンランクアップのための情報で内容の充実を図った。

表15に示した番組（放送枠）概要を、表13（p. 139）に示した1980年代における『婦人百科』の番組（放送枠）概要と比較すれば、いずれにおいても「実用番組」と定義されていることに変わりはない。しかし、1980年代にあった「趣味と教養」や「実技指導」といった語に代わって、「手工芸・ニット・和洋裁」という個別の主題を表す語が文頭に掲げられている。「花」（いけばな）は「ファッション」や「茶」（茶の湯）と並んで1990年度および1991年度の記述に現れているが、「季節のグラビア」と規定されており、テレビ発展期の末から続く「季節性」を主旨とする講座のみへの収斂が、明確に概要に謳（うた）われるに至っている。対象視聴者層に関する記述では、1980年代には残っていた「家庭婦人」という語が1990年代には消滅した。1925年の放送開始以来、「家庭にいる女性」を対象としてきた女性向け教養番組

は、ここに至ってその対象を喪失したといえる。1990年度にはまだ「女性ばかりでなく男性のニーズにも」という記述があり、対象視聴者層の性別への留意が示されているが、1991年度以降は、対象視聴者層そのものの記述が無くなっている。女性向け教養番組は、番組概要の記述においては、もはや「女性向け」ではなく、(「男性向け」でもなく)、特定の層を対象としない番組に変成したのである。

それ以外の記述では、1990年度には「カルチャーセンター的」要素を、1990年度および1991年度には「グラビア的」な要素を盛り込み、1992年度には「おしゃれタイム」を（月曜日のみ、いわば放送枠内の放送枠として）新設というような試みがなされており、新機軸番組への模索が番組形式の上でもおこなわれるようになったことが示されている。

1990年代の『婦人百科』における「花」を主題とする講座の年度ごと放送本数は、1990年度13、1991年度12と1980年代同様に推移したが、最終年度の1992年度には7に減少している。副題においては、「いける」のみで「いけばな」は現れない。また、出演者の顔ぶれは細分化したまま、際立った特徴は示されない。内容は単発型の季節性を主旨とするものがほとんどであるが、最終年度の1993年1月には、例外的に、「はじめてのあなたに～花のこころをいける」（講師は肥原碩甫）が連続型（3回連続）の入門性を主旨とする講座として編成されている。ただし、この講座は、この年度の後半に設けられた「はじめてのあなたに」という、いわば放送枠内の放送枠の題材として、「ゆったりすっきりセミタイト」、「知っておきたい喪服のマナー」、「一年の想いを絵手紙に」といった題材と合わせて編成されたものであり、新機軸番組へのさまざまな試行の一環とみなすべきものであるといえる。

『おしゃれ工房』の新設と「花」

34年間続いた『婦人百科』は、1992年度末をもって終了の時を迎えた。跡を継ぐ形で翌1993年度に新設された『おしゃれ工房』は、当初は枠名に『新・婦人百科』と併記されるなど、女性向け教養番組の系譜に連なるものと位置づけられようとはしていたものの、キャスターにタレントを起用し、

「教養の娯楽化」[512]に追随しようとする姿勢が顕著だった。また、その本放送の放送波は、総合テレビではなく教育テレビであり、文化の伝播を目的とする女性向け教養番組がそれまで原則としてラジオ第一放送や総合テレビで編成されていたことに比すると、放送メディアにおけるその位置づけは大きく変化したといえる。

『おしゃれ工房』においては、「花」を主題とする講座は、放送開始年度の1993年度に1本のみ編成された後、1994（平成6）年度に6本編成されたのを最多として、21世紀になってからは、編成されても1年度につき1ないし2本である上に、まったく編成されない年度のほうが多く[513]なった。『おしゃれ工房』の18年間における「花」を主題とする講座の1年度あたり平均本数は1.6、標準偏差は1.7であり、ラジオ戦時期（平均本数1.5、標準偏差1.3）と同程度に激減した。

ラジオ草創期以来の「花」を主題とする講座は、1993年3月の『婦人百科』終了をもって、テレビ変化期の終わりに実質的に終結したとみなすことができるだろう。

日本における放送メディアの始まりと共に、家庭にいる女性に対して「文化の機会均等」を果たすべく設置された女性向け教養番組における「花」の系譜は、70年近くに渡って記され続けた末、日本社会の変容にともない、ついに終止符を打たれたのである。

コラム

講師からタレントへ——教養番組のバラエティー化と出演者

テレビ発展期には、勅使河原霞や安達瞳子は、クイズ番組の回答者などを務めたことがあったが、『婦人百科』には、専門家すなわち講師として出演しており、司会、進行は原則としてアナウンサーが務めていた。これに対し、『婦人百科』の後継番組『おしゃれ工房』では、番組で扱う主題の専門家ではないタレントなどがキャスターを務めることになった。その背景にはテレビ変化期における番組のバラエティー化があった。

「バラエティー番組」の定義は「教養」という語と同様に多義性を有し、曖昧ではあるが、テレビ発展期の初期においては、それは、しばしば、音楽が軸となり、歌あるいは踊りのコーナーが番組内に存在するものとみなされていた。たとえば、1959年発行の『テレビ・ラジオ事典』には、「ヴァラエティ　variety　歌、唄、曲芸、寸劇などを取り合わせたショーで寄席演芸の1つ。ヴォードビルと同義語だが、ヴァラエティの呼称は英国だけ。この種のものはわが国のテレビ番組にも時々登場する。[514]」と記されている。

狭義のバラエティーは、時にミュージカルの同類とされ、井原（1960）は「ミュージカル　主としてヴァラエティショウ」と題した一文で「絶対に音楽の素養を必要とする」とし、「『茶の間の娯楽』であるテレビの、しかもテレビ時代の最もテレビ的な番組であるショウ番組[515]」と記している。また、永（1960）は、「日本でミュージカルの話をする場合、（中略）もし、区別出来るとすればストーリーのあるものとないものの二つになります。ない方、つまり、ヴァラエティとかヴォードビルと呼ばれるもの[516]」と記し、バラエティーはストーリーの無いミュージカルであるとしている。

1962年にNHKラジオ文芸部の増沢直は、バラエティーについて詳細な分類をおこなった。そこでは、「一つの番組の中に、台詞と音楽、およびその他の要素（クイズ、演芸、踊りなど）が結合しているものはすべてバラエティ番組」とした上で、バラエティーを「一　歌とコントのバラエティ」、「二　ショー或いはミュージカル・ショー」、「三　ミュージカル・コメディ」、「四　音楽劇」、「五　ミュージカル」に分類[517]している[518]。いずれの「バラエティー番組」も歌あるいは音楽を要素として含んでいることに注目する必要がある。

1970年代に至るまで、バラエティー番組に対するこうした認識はさほど変わっていなかったと考えられ、古谷（1981）は、「バライァティ番組といっても、これがじつに多岐にわたっています。その内容から、単純に分類してみても、一、音楽性に重点をおいたもの。一、ドラマ的性格の強いもの。一、ヴォードビルでつづっていくもの。一、すぐれたエンターティナーのワンマンショウをメインにすえたもの……。などなど[519]。」と記している。

それが大きく変化したのは、1980年代、すなわち「テレビ変化期」において、「楽しくなければテレビじゃない」が標榜され、「お笑い」の要素が前面に押し出されてくるようになってからであろう。お笑い芸人がメインの出演者として起用され、その語り（トーク）の要素が重視されるようになったのである。その結果、他の番組にもタレントとトーク重視の流れが及ぶようになった。

増沢（1962）は、テレビ発展期の初期の段階で、「歌とコントのバラエティ」について、「この種のバラエティの一形式として、個性的な司会者の司会によって、いろいろな種類の芸能を並列的にならべるというものがある。これは一種の寄席の形式であって、司会者の語りと軽妙なギャグによって、各パートの出演タレントの芸の魅力を発揮させつつ、全体をまとめていこうというもの[520]」と記していた。この観点からすれば、テレビ変化期以降に主流となったバラエティーは、司会者の持ち味すなわちキャラクターの要素が肥大化したものとみなすこともできよう。もともと「ヴァラエテイ・ショオは、出演者のキャラクターがもっとも大きい要素で、台本も構成も演出も、出演者のキャラクター中心につくられて行く[521]」とされていた。その出演者のキャラクターが何よりも重視され、トークが進行の中心となったのが、テレビ変化期以降のバラエティーであるともいえる。

テレビ発展期には「バラエティー番組を洗練させ、さらに、音楽的比重を存分に加味したミュージカルバラエティーと呼ばれる一連の番組[522]」があった。そして、これらの番組、特にショー番組の出演者に必要な条件は「(A）歌えること　(中略）最も重要欠くべからざるものは、『歌えること』である。(中略）(B）踊れること（中略）(C）演技（中略）(D）その他　歌、踊り等のほかには個性が貴重である。[523]」とされていた。バラエティーから音楽や芝居の要素が剥落すれば、これら条件の大部分は消滅し、出演者には個性（キャラクター）がありさえすればよいという汎用性が生じることになる。1980年代に現出したジャンルの混淆と教養番組のバラエティー化の本質は、キャラクター出演者とそのトークを中核とするバラエティーの汎用化でもあったともいえるだろう。

こうした傾向は、女性向け教養番組の後継である『おしゃれ工房』にも反映されているとみなすことができる。『おしゃれ工房』は、「ファッションから生活小物まで暮らしに関わる様々なテーマを設定」し、「最新情報と各界ゲストとキャスターとのしゃれたトーク[524]」を主眼とした番組だった。「各ジャンルで個性的な活動を展開している講師を招いて、暮らしを個性的に演出するためのヒントや HOW TO を豊富に盛り込んで紹介します。[525]」というのである。番組の司会、進行はアナウンサーではなく、「安部みちる（スタイリスト）、城戸真亜子（画家、女優）、山内美郷（エッセイスト）[526]」といった人びとが週替わりで担当した。

安達曈子は、テレビ変化期の「花」を主題とする講座に 4 回出演した。そして、『婦人百科』が終了した後の後継番組として位置づけられた『おしゃれ工房』にも、1995（平成 7）年 1 月 4 日と 1 月 5 日に出演[527]した。しかし、『番組確定表』によれば、その時の『おしゃれ工房』の副題は、1 月 4 日が「包む・結ぶ・布のマジック—風呂敷（ふろしき）—」、1 月 5 日が「包む・結ぶ・布のマジック—紐（ひも）—」というもので、「花」を主題としたものではなかった。この時の出演は、キャスターが安部みちる、同時出演は 1 月 4 日が大仁田厚、1 月 5 日がナポレオンズである。安達曈子は解説者ないしはコメンテーターという立場だったと考えられ、「花」の領域にとどまらない存在となっていたといえる。それはまた『おしゃれ工房』においては、天才華道家・安達曈子が「花」を主題とする講座には出演しなかったということでもあり、平成期のテレビ番組における「花」の位置づけの変化を物語るものともいえる。

アナウンサーではない人物が、講師としてではなく、司会として出演し、講師による教授とは別に「しゃれたトーク」が展開されるという点で、『おしゃれ工房』には、『婦人百科』には無かった形式がもたらされたのである。これは、創設以来、女性向け教養番組の主たる出演者が「最新の知識や技術」を有する「各分野の権威[528]」であったことからは隔絶した変化である。女性向け教養番組は、『婦人百科』の廃止と共に、その対象視聴者層や目的だけでなく、出演者と形式の点でも、終結に至ったといえるだろう。

昭和期の女性向け教養番組と「花」が遺したもの

時代を映す鏡としての放送番組編成

本書は、女性向け教養番組の系譜と文化伝播の様相を、「花」を主題とする講座に関する一次資料の調査と分析を主軸として、昭和期放送メディアにおける五つの時期ごとに考察してきた。

図20に、これまで各章において時期ごとに示してきた放送本数の推移を一つにまとめた結果を示す。なお、図では昭和期のみならず、平成期まで含め、『婦人百科』の後継番組である『おしゃれ工房』が終了する2009年度までの推移を記している。

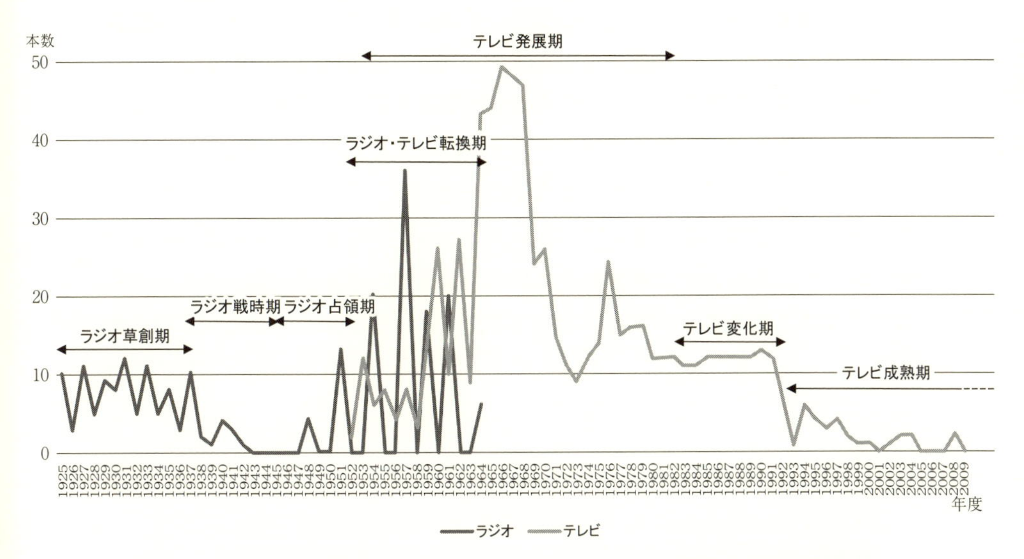

図20　女性向け教養番組における「花」を主題とする講座の放送本数推移
（1925年度～2009年度）

放送史の各時期を通観した放送本数の推移は、それぞれの時期に適合した特徴を示している。以下、時期ごとに改めて通史との関連の上で特徴を示せば、次のようになる。まず、ラジオ草創期には年度ごとの本数の増減はあるが毎年度放送され、地ならしの役を担った。次に、ラジオ戦時期および占領期では、放送が無い年度が続いた上、本数も激減し低調に推移した。続くラジオからテレビへの転換期では、ラジオでは本数は多いものの放送が無い年度もあるという振幅の大きい推移となり、テレビでは年度ごとの本数の増減はありながらも毎年度放送され、両者がせめぎあいながらメディアが転換していく様相を呈している。続くテレビ発展期の中期では他の時期を圧して多くの本数が定期的に放送されるという全盛期が訪れる。その後、テレビ発展期の後期では本数が急減し、テレビ変化期では一定本数の放送が保たれ（ただし、その内部では変化への兆候があった）、テレビ変化期の終わりに急減して、実質上、終焉し、平成以後のテレビ成熟期ではラジオ戦時期同様、低調に推移したことを示している。こうした推移は、「花」を主題とする講座が、日本における放送メディアの発展と変容に寄り添い、ひいては、放送に投影された社会の変化を映し出す存在であったことを示してもいよう。

一方、近代日本における「花」の変化が放送メディアに及ぼした影響については、占領期が終わった時期に「前衛いけばな」が平易な「生活のいけばな」に転じたタイミングで、大規模な連続型の「花」を主題とする講座が編成され、それまでにない聴取率を記録したこと、高度成長期の「いけばなブーム」による膨大な行動者数への訴求が、テレビという新しいメディアによってなされたと考えられること、また、「上品な趣味」としての「花」の相対的な地位の低下が、放送本数の減少をもたらしたことを示した。これらのこと、すなわち、各時期の編成が「花」の変化に影響を受けたということは、放送というメディアの本質が同時代性にあり、映像だけでなく、編成も「時代を映す鏡」であることを示している。

「花」の編成と昭和期の女性

女性向け教養番組における「花」を主題とする講座の編成はまた、昭和期における女性史の一面を映し出すものでもあった。

すなわち、まず、ラジオ草創期においては、家庭にいることが当然とされた女性たちに対し文化の機会均等を図るために『家庭講座』が編成された。そして、婦人参政権運動とも関わりを持っていた婦人記者の草分け、大澤豊子がプロデューサーとして招聘され、編成の改革をおこなった。そこには、女性の地位平等を求める社会情勢が背景にあったといえよう。

次いで、ラジオ戦時期においては、家庭生活を戦争のために志向させるように女性向け教養番組は変質し、ラジオ占領期においては、GHQ から示された「女性の解放」という方針に沿って女性向け教養番組は再編される。いずれの場合においても、教化が主眼となり、「花」を主題とする講座の放送は低調となるが、わずかな放送に比しての反響の大きさが逆に文化の機会均等の重要性を物語るものともなっている。また、占領期には、大澤と同じく「女性のための放送」に挺身した江上フジという女性プロデューサーが編成を主導し、多くの業績を残した。その活動は戦後の婦人運動と呼応している。

ラジオからテレビへの転換期、そしてテレビ発展期においては、経済復興と高度成長を背景として、「花」を上品な趣味として嗜む人びとが増大し、その人びとに訴求するための番組が、他のどの時期よりも多く放送された。そして、勅使河原霞や安達曈子といった女性華道家が国民的人気を博す存在となった。これらのことは、豊かになった日本と共に女性の生活が大きく変わったことを示す一例であるといえるだろう。

やがて、テレビ変化期が訪れると、「花」を主題とする講座は変わらず放送され続けたものの、女性向け教養番組の内容は「趣味と教養」から「実技指導」へと変容した。そして、昭和の末になって、女性視聴者層のみでなく、男性視聴者層をも対象に加えるようになった。こうした動きには、レジャーの多様化と女性の社会進出という社会状勢が色濃く投影されている。

放送史の各時期において、女性向け教養番組群は消長を繰り返したとはいえ、その系譜を整理すれば、当初、「実用・実利を主体とする」放送枠（『家庭講座』）から始まり、そこへ「知識の啓発に資する」放送枠（『婦人講座』）や「いわゆる教育的な」放送枠（『家庭大学講座』）が加わって、３系統が鼎立し、その後、消長を繰り返して、2系統が並立あるいは「多分に娯楽的な」放送枠を加えた3系統が再び鼎立はしたものの、結局、発足時と同様の「実用」を旨とする放送枠(『婦人百科』)1系統が残存するという流路を形成している。ラジオ放送の開始以来、連綿と引き継がれてきた女性向け教養番組は、創設時に打ち立てられた「文化の機会均等」という理念をさまざまに体現しながらも、放送枠としては首尾を整えて終結したといえる(巻頭図1および2を参照)。

「花」を主題とする講座は、ほとんど、この「実用・実利を主体とする」放送枠の系統において、放送史の各時期を通じて編成され続けてきた。

ラジオ草創期に最初の女性向け教養番組放送枠として『家庭講座』が設けられた時、その目的は、「家庭にある女性のために日常生活の上に於いて必要な知識を極く平易に説明する[529]」ことだった。そして、その『家庭講座』が、「日常の生活における一つの技芸としていけばなの存在を認めた[530]」ことから、放送による「花」の伝播が始まったのである。また、戦後占領期の末に新設された『女性教室』は、放送がようやく「日常生活の問題を1つ1つ取り上げて行く機会を得た[531]」放送枠だった。そして、その『女性教室』が、「急激に増大したいけばな大衆の日常的ないけばなへの希求[532]」に対応して「生活のいけばな」へと向かいつつあった「花」を題材として採り上げたことが「これまでにない聴取率を記録[533]」し、そのことが後に続く高度成長期での放送による「花」の伝播の最盛期への先駆けともなったのである。これらの記述は、放送と「花」とが、それぞれ「日常」に根ざしたメディアであり文化である点で、強い親和性を有していたことを示している。

放送の「日常性」と「花」

本書は、その「花」を主題とする講座の内容を副題によって分析した結果、「季節性」を主旨とする単発型と「入門性」を主旨とする連続型の2類型が創出され、放送史の各時期において分化や統合はありながらも長く併存が続いたことを示した(昭和期放送メディアの各時期における類型とその変遷は巻頭図3〈p. 10〉を参照)。

「花」を主題とする講座における二つの類型のうち、季節性を主旨とする講座は、四季折々の花々を扱うという点で、家庭での生活において聴取あるいは視聴される放送メディアが有する日常性に添うものといえよう。入門性を主旨とする講座では、ラジオにおいてもテレビにおいてもテキストの発行がおこなわれ、その随時参照性が求められた。このことは、出版という異なるメディアとの連携が放送による文化の伝播において有効だったことを事例として示している。

また、巻頭図３に示した変遷において、テレビ発展期の末とテレビ変化期において、主として「季節性」を主旨とする単発型講座が継続し、「入門性」を主旨とする連続型講座が終息したということは、その時点で、女性向け教養番組における「花」を主題とする講座は、家庭にいる女性たちに向けて文化に接するための手ほどきをするという意味での「文化の機会均等」という使命を終えるに至ったことを示してもいよう。

均等化の時代から多様化の時代へ

第６章で述べたとおり、「文化の機会均等」を使命とする女性向け教養番組の掉尾となった『婦人百科』が終了した1993年、後継番組として『おしゃれ工房』が新設された。『年鑑』に記されたその概要は「個性的で豊かな暮らしの創造を目指す女性たちをターゲットにした生活実用[534]」だった。「女性たち」が再び対象視聴者層として設定されてはいるものの、それは「文明の落伍者たる」、「家庭にいる女性たち」ではなく、「個性的で豊かな暮らしの創造を目指す女性たち」である。この点で、『おしゃれ工房』はそれまでの女性向け教養番組の範疇を超えた放送枠であるといえ、「文化の機会均等」を礎として、その上に「個性の創造」という理念が構築されたことは、平等化を是としていた時代が終わり、多様化が是とされる時代に移ったことを示唆してもいよう。そして、それは、昭和という時代と平成という時代の差異であるともいえよう。平成期の放送メディアにおいては、BS、CS、CATV、IPTVなどの多チャンネル化が進展した。また、従来からの世帯視聴率に加えて個人視聴率の測定が導入された。まさに多様化の時代を象徴する動きが相次いだのである。

『婦人百科』が終了した1993年はまた、放送メディアのみならずコミュニケーション・メディア全体における大きな変革の時と同期していた。この年、画像を扱うことが可能なウェブブラウザであるMosaicが登場したのである。同年、日本では「JPNICが設立され、JUNET、CSnetといったそれ以前に運用されていた各ネットワークの統括が行われて、本格的なインターネット時代を迎えることに[535)]」なる。

その後、インターネットは発展を続け、次第に大容量の音声と映像を伝送できるようになった。そして、2015年6月、日本におけるテレビの視聴時間は1980年代以来、30年ぶりに下落に転じた[536)]。「20～50代の幅広い層で(テレビを)『ほとんど、まったく見ない』人が増加[537)]」し、テレビを欠かせないメディアとする人が減少[538)]した。その一方、インターネットを欠かせないメディアとする人は増加[539)]したのである。戸村（1991c）は、1990年代初頭の時点で「既存のテレビ放送は現在のところきわめて優位に立っている。それは、新しいメディアから既存のテレビ放送を超える魅力ある独自ソフトが出ていないこと[540)]」などによると記している。「既存のテレビ放送を超える魅力ある独自ソフト」の出現はインターネットにおける動画配信などによってなされたとみることもできるだろう。

改めて放送メディアの歩みを鳥瞰すれば、現在は、ラジオからテレビへの転換期とテレビ変化期に次ぐ、三度目の大きな変動の時期であるともいえよう。ラジオからテレビへの転換期では、それぞれのメディアの「棲み分け」が生じ、テレビ変化期では、新機軸番組の台頭だけではなく、既存番組においても、その内容を社会情勢に対応させようという動向が生じていた。これらのことは、テレビとインターネットが共存し、再び「テレビ離れ」が生じている2010年代においても、情勢に対応した変化が放送メディアに発生する可能性について示唆を与えてくれる。

21世紀初頭からのインターネットによる動画配信の普及によって、文化の伝播における多様化は更に進展しつつある。

ムーアとカースリーは、遠隔教育においては、「多数かつ多様な学生の教育にはいくつかのメディアを組み合わせたものが最も効果的であろう。[541)]」と述べている。本書においては、放送と出版という異なるメディアの連携が、女性向け教養番組における「花」を主題とする講座でおこなわれたことを示した。放送は膨大な人びとに対し同時に同一の情報を均等に伝播することに適しており、双方向メディアであるインターネットは、随時参照性を有するという点で放送の弱点を補うことができる。平成期の放送メディアにおいては、放送とインターネットとの「棲み分け」と連携もさまざまに試みられた。その模索とその結果としての革新は、今後も展開され続けることになるだろう。平成期の放送メディア論については、機会があれば、稿を改めて述べることとしたい。

付表　年度別『年鑑』掲載女性向け教養番組放送枠一覧

1924年度―1992年度

原則として年鑑での記載順。放送枠名のみを挙げ、短期的な集中講座などは記載しない。

年度 掲載年鑑	メディア	分類項 (上位分類項)	放送枠
1924-1929 (『日本放送協會史』に拠る)	ラジオ	家庭婦人向(ママ)放送 (教養放送)	料理献立(1925.5)　家庭講座(1925.5) 婦人講座(1926.2) 家庭大学講座(1927.5)
1930 昭和6年 ラヂオ年鑑	ラジオ	現在の社会教育的放送[542]	家庭講座　婦人講座　家庭大学講座
1931 昭和7年 ラヂオ年鑑	ラジオ	婦人関係特殊講座類 (教養放送の現況)	家庭講座　婦人講座　家庭大学講座 料理献立
1932 昭和8年 ラヂオ年鑑	ラジオ	婦人家庭向(ママ)の講演と講座 (教養)	(放送した事項が羅列され、明確な放送枠名の項目無)
1933 昭和9年 ラヂオ年鑑	ラジオ	婦人家庭向(ママ)の放送 (教養放送)	(明確な放送枠名の項目無[543])
1934 昭和10年 ラヂオ年鑑	ラジオ	ラヂオと婦人・家庭 (プログラム欄[544])	家庭メモ・衛生メモ　料理献立 婦人の時間　母の時間　家庭講座
1935 昭和11年 ラヂオ年鑑	ラジオ	家庭及婦人への放送 (講演・講座)	家庭講座　母の時間　婦人の時間 何月の婦人界
1936 昭和12年 ラヂオ年鑑	ラジオ	家庭及婦人への放送 (講演講座放送の一年)	婦人の時間　家庭講座　母の時間 何月の婦人界[545]
1937 昭和13年 ラヂオ年鑑	ラジオ	家庭婦人向き講演及び料理、メモ (講演・講座放送の一年)	家庭講座　婦人の時間　母の時間 料理献立　家庭メモ　衛生メモ[546]

1938 昭和15年 ラヂオ年鑑	ラジオ	特定対象への放送 (一)家庭放送 (講演・講座放送の一年)	(明確な放送枠名の項目無)
1939 昭和16年 ラヂオ年鑑	ラジオ	家庭・婦人の時間[547] (教養)	家庭講座　婦人の時間　母の時間 (1939.9より家庭の時間　婦人の時間) 婦人向けの時事解説「この頃のニュースから」[548]
1940 昭和17年 ラジオ年鑑	ラジオ	家庭・婦人の時間 (講演)[549]	季節の話題(家庭演芸の時間) 家庭の時間　婦人の時間 家庭及び婦人の時間 (1940.5より都市放送に特設　1941.4より全国放送)
1941 昭和18年 ラジオ年鑑	ラジオ	昼間の家庭向放送 (講演放送)	戦時家庭の時間 新しき生活の建設[550]
1942-1945 (対応する年鑑の発行無)[551]	ラジオ	——	
1946 昭和22年 ラジオ年鑑	ラジオ	教養放送の概況 (番組編成)	婦人の時間
1947 昭和23年 ラジオ年鑑	ラジオ	教養放送 (番組編成)	婦人の時間　主婦日記
1948 NHK ラジオ年鑑1949	ラジオ	婦人向放送[552] (番組編成)	婦人の時間　主婦日記　私の本棚 メロデー(ママ)にのせて(目次ではメロディーにのせて)　勤労婦人の時間
1949 NHK ラジオ年鑑1950	ラジオ	婦人放送 (番組編成)	婦人の時間　私の本棚　勤労婦人の時間 若い女性　メロディ(ママ)にのせて　主婦日記
1950 NHK ラジオ年鑑1951	ラジオ	躍進する婦人番組[553]	女性教室　若い女性　婦人の時間 私の本棚　勤労婦人の時間 メロディーにのせて　主婦日記
1951 NHK ラジオ年鑑1953 (1952は欠刊)	ラジオ	婦人放送[554]	明るい茶の間　女性教室　若い女性 婦人の時間　私の本棚　勤労婦人の時間 メロディーにのせて　主婦日記

年度	媒体	放送枠	番組
1952 NHK 年鑑 1954	ラジオ	婦人放送	明るい茶の間　主婦日記 メロディ(ママ)にのせて　私の本棚 婦人の時間　女性教室　勤労婦人の時間
	テレビ	教養放送 (放送番組)	婦人の時間(ホームライブラリー)
1953 NHK 年鑑 1955	ラジオ	婦人放送	明るい茶の間　主婦日記　料理クラブ メロディ(ママ)にのせて　NHK 美容体操 私の本棚　婦人の時間 社会時評(婦人の時間から独立) 女性教室　勤労婦人の時間
	テレビ	教養放送 (放送番組)	ホーム・ライブラリー
1954 NHK 年鑑 1956	ラジオ	婦人放送	明るい茶の間　主婦日記 我が家のリズム　メロディにのせて (1954.11 我が家のリズムに吸収) NHK 美容体操　料理クラブ　私の本棚 婦人の時間　女性教室　若い女性 勤労婦人の時間 教養特集―ラジオ家族会議
	テレビ	放送番組	ホーム・ライブラリー
1955 NHK 年鑑 1957	ラジオ	婦人放送	明るい茶の間　主婦日記 わが(ママ)家のリズム　NHK 美容体操 私の本棚　婦人の時間　女性教室 ラジオ育児室　若い女性　新・家庭読本 教養特集―NHK ラジオ家族会議 おやつの時間(大阪発)
	テレビ	放送番組	ホーム・ライブラリー
1956 NHK 年鑑 1958	ラジオ	婦人放送	明るい茶の間　主婦日記　ラジオ家庭欄 NHK 美容体操　私の本棚　婦人の時間 女性教室　ラジオ育児室 教養特集―NHK ラジオ家族会議　妻をめとらば　新・家庭読本　若い女性
	テレビ	放送番組	ホーム・ライブラリー
1957 NHK 年鑑 1959	ラジオ	婦人放送	明るい茶の間　主婦日記　ラジオ家庭欄 NHK 美容体操　私の本棚　婦人の時間 女性教室　男の一生女の一生 お茶のひととき―ラジオ育児室 教養特集―ラジオ家族会議

<table>
<tr><td></td><td></td><td></td><td>特別教養特集（女性教育史）</td></tr>
<tr><td></td><td>テレビ</td><td>婦人放送</td><td>きょうの料理　ホーム・ライブラリー
婦人こどもグラフ</td></tr>
<tr><td rowspan="2">1958
NHK 年鑑 1960</td><td>ラジオ</td><td>婦人放送</td><td>明るい茶の間　主婦日記　ラジオ家庭欄
NHK 美容体操　私の本棚　婦人の時間
女性教室　お茶のひととき
教養特集―ラジオ家族会議
特別教養番組（婦人解放史）</td></tr>
<tr><td>テレビ</td><td>婦人放送</td><td>きょうの料理　ホーム・ライブラリー
婦人グラフ　くらしの科学（教育）
こどもの心（教育）</td></tr>
<tr><td rowspan="2">1959
NHK 年鑑 1961</td><td>ラジオ</td><td>婦人番組
（婦人少年放送）</td><td>明るい茶の間　主婦の時間（主婦日記メロディーにのせて　NHK 美容体操）
私の本棚　婦人の時間　女性教室
教養特集文壇よもやま話
特別教養番組（婦人解放史）
NHK 婦人学級（テレビでも放送）</td></tr>
<tr><td>テレビ</td><td>婦人少年放送</td><td>婦人百科　きょうの料理
テレビ婦人の時間
おかあさんといっしょ　みんなで歌を
話の四つかど
婦人グラフ
（少年向け放送は省略）</td></tr>
<tr><td rowspan="2">1960
NHK 年鑑 1962</td><td>ラジオ</td><td>婦人番組[555]
（婦人少年放送）</td><td>主婦の時間（主婦日記、女性教室、美容体操）
私の本棚　お茶のひととき
婦人の時間　文壇よもやま話
特別教養番組（婦人解放史）
NHK 婦人学級</td></tr>
<tr><td>テレビ</td><td>婦人少年放送[556]</td><td>テレビ婦人の時間　婦人の話題
おかあさんといっしょ　みんなで歌を
回転いす　話の四つかど　きょうの料理
婦人百科　美容体操</td></tr>
<tr><td rowspan="2">1961
NHK 年鑑 1962
No. 2</td><td>ラジオ</td><td>婦人向け番組
（教養放送）</td><td>婦人の時間　主婦の時間（主婦日記
女性教室　美容体操）　私の本棚
NHK 婦人学級　お茶のひととき</td></tr>
<tr><td>テレビ</td><td>婦人向け番組
（教養放送）</td><td>婦人百科　美容体操　第 7 回料理腕自慢コンクール　きょうの料理　婦人学級
テレビ婦人の時間</td></tr>
<tr><td></td><td></td><td></td><td>主婦日記　女性教室　美容体操</td></tr>
</table>

年度	媒体	区分	番組
1962 NHK 年鑑 '63	ラジオ	婦人番組 （教養放送）	私の本棚　家庭の皆さん　婦人の時間 お茶のひととき
	テレビ	婦人番組 （教養放送）	きょうの料理　美容体操　くらしの窓 婦人の時間　婦人百科　婦人学級
1963 NHK 年鑑 '64	ラジオ	婦人番組 （教養放送）	主婦日記 午後の茶の間（女性教室・私の本棚ほか）
	テレビ	婦人番組 （教養放送）	きょうの料理　くらしの窓　婦人百科 婦人の時間
	R・T[557)]	婦人番組 （教養放送）	美容体操　婦人学級
1964 NHK 年鑑 '65	ラジオ	婦人番組 （教養放送）	私の本棚　女性教室　みんなの茶の間 午後の散歩道　ラジオ文芸 旅と釣（一般対象）
	テレビ	婦人番組 （教養放送）	くらしの窓　きょうの料理　美容体操 婦人百科　婦人の時間　季節のいけばな お茶のすべて　絵画・書道番組
	R・T	婦人番組 （教養放送）	婦人学級
1965 NHK 年鑑[558)] '66	ラジオ	婦人番組 （教養放送）	私の本棚　みんなの茶の間 くらしのリズム　午後の散歩道
	テレビ	婦人番組 （教養放送）	くらしの窓　きょうの料理　婦人百科 午後のひととき
	T・R[559)]	婦人番組 （教養放送）	婦人学級
1966 NHK 年鑑 '67	ラジオ	婦人番組 （教養放送）	みんなの茶の間
	テレビ	婦人番組 （教養放送）	こんにちは奥さん　きょうの料理 婦人百科　趣味のコーナー 午後のひととき　幼児の世界
	T・R	婦人番組 （教養放送）	婦人学級
1967 NHK 年鑑 '68	ラジオ	婦人番組 （教養放送）	みんなの茶の間
	テレビ	婦人番組 （教養放送）	こんにちは奥さん　きょうの料理 婦人百科　女性手帳　幼児の世界

	T・R	婦人番組 （教養放送）	婦人学級
1968 NHK 年鑑 '69	T・R[560]	婦人番組 （教養放送）	婦人学級
	テレビ	婦人番組 （教養放送）	こんにちは奥さん　きょうの料理 婦人百科　女性手帳 みんなの茶の間（テレビ欄に記載）
1969 NHK 年鑑 '70	ラジオ	婦人番組 （教養番組）	みんなの茶の間
	テレビ	婦人番組 （教養番組）	こんにちは奥さん　きょうの料理 婦人百科　女性手帳
	T・R	婦人番組 （教養番組）	婦人学級
1970 NHK 年鑑 '71	ラジオ	婦人番組 （教養番組）	みんなの茶の間
	テレビ	婦人番組 （教養番組）	こんにちは奥さん　きょうの料理 婦人百科　女性手帳
	T・R	婦人番組 （教養番組）	婦人学級
1971 NHK 年鑑 '72	ラジオ	婦人番組 （教養番組）	みんなの茶の間
	テレビ	婦人番組 （教養番組）	婦人百科　こんにちは奥さん　女性手帳 きょうの料理
	T・R	婦人番組 （教養番組）	家庭学級
1972 NHK 年鑑 '73	ラジオ	婦人番組 （教養番組）	みんなの茶の間
	テレビ	婦人番組 （教養番組）	婦人百科　こんにちは奥さん　女性手帳 きょうの料理　趣味とあなたと
1973 NHK 年鑑 '74	ラジオ	婦人番組 （教養番組）	みんなの茶の間
	テレビ	婦人番組 （教養番組）	婦人百科　こんにちは奥さん　女性手帳 きょうの料理　趣味とあなたと
1974	ラジオ	婦人番組 （教養番組）	みんなの茶の間

NHK 年鑑 '75	テレビ	婦人番組 (教養番組)	きょうの料理　奥さんごいっしょに 女性手帳　婦人百科
1975 NHK 年鑑 '76	ラジオ	婦人番組 (教養番組)	みんなの茶の間
	テレビ	婦人番組 (教養番組)	きょうの料理　奥さんごいっしょに 女性手帳　婦人百科
1976 NHK 年鑑 '77	ラジオ	婦人番組 (教養番組)	みんなの茶の間
	テレビ	婦人番組 (教養番組)	きょうの料理　奥さんごいっしょに 女性手帳　婦人百科
1977 NHK 年鑑 '78	ラジオ	婦人番組 (教養番組)	みんなの茶の間
	テレビ	婦人番組 (教養番組)	きょうの料理　奥さんごいっしょに 女性手帳　婦人百科
1978 NHK 年鑑 '79	ラジオ	婦人番組 (教養番組)	みんなの茶の間
	テレビ	婦人番組 (教養番組)	きょうの料理　奥さんごいっしょに 女性手帳　婦人百科
1979 NHK 年鑑 '80	ラジオ	婦人番組 (教養番組)	くらしのカレンダー(1978.11 より)
	テレビ	婦人番組 (教養番組)	奥さんごいっしょに　きょうの料理 女性手帳　婦人百科
1980 NHK 年鑑 '81	ラジオ	婦人番組 (教養番組)	くらしのカレンダー
	テレビ	婦人番組 (教養番組)	おはよう広場　きょうの料理　婦人百科 女性手帳
1981 NHK 年鑑 '82	ラジオ	婦人番組 (教養番組)	くらしのカレンダー
	テレビ	婦人番組 (教養番組)	おはよう広場　きょうの料理　婦人百科 女性手帳
1982 NHK 年鑑 '83	ラジオ	婦人番組 (教養番組)	くらしのカレンダー
	テレビ	婦人番組 (教養番組)	おはよう広場　きょうの料理　婦人百科

1983 NHK 年鑑 '84	ラジオ	婦人番組 （教養番組）	くらしのカレンダー
	テレビ	婦人番組 （教養番組）	おはよう広場　きょうの料理　婦人百科
1984 NHK 年鑑 '85	区別無	婦人番組 （教育番組）	きょうの料理　婦人百科
1985-1992 NHK 年鑑 '86-'93	『NHK 年鑑'86』以降は、ジャンル別の分類が無くなり、波（メディア）と時間帯別の分類となった。『きょうの料理』と『婦人百科』は「総合テレビ　午前　月～土曜」の項に記載されている。		

注

1) 2)　芳賀登ほか監修『日本女性人名辞典（普及版）』（日本図書センター，1998）p.195

3)　大澤豊子「秘された女の心―独身生活者の手記―」『婦人公論』（中央公論社，1926 年新年特別号）p.131

4)　日本放送協会放送史編修室編『日本放送史　上』（日本放送出版協会，1965）p.145

5)　野尻抱影「あの頃の“山”」『放送文化』（社團法人日本放送協會，1947 年 1 月号）p.26。ここでいう「山」とは愛宕山ではなく、頂上にある東京放送局の意である。

6)　総面積は約 900m^2（1 階 487、2 階 386、3 階 28）だった。前掲注 4，p.112 参照。

7) 8)　大澤豊子「愛宕山を下って―婦人界に報告することども―」『婦人公論』（中央公論社，1934 年 10 月号）p.139

9)　越野宗太郎編『東京放送局沿革史』（東京放送局沿革史編纂委員，1928）p.123

10)　残りの三つは、「家庭生活の革新」、「教育の社会化」、「経済機能の敏活」である。

11)　前掲注 9，pp.123-124

12)　1925 年 3 月 23 日付『東京朝日新聞』 7 面

13)　前掲注 4，p.88

14)　前掲注 4，pp.87-88

15)　女性向け教養番組においては、日本文化としての「花」に対して、「花」の他、「いけばな」、「いけ花」、「活花」、「生花」、「お花」など、さまざまな呼称が用いられて一定しない。そこで、本書では、これらをその内に含んで総称する名辞として、「花」を用いる。また、日本文化としての「茶」についても、同様に、「お茶」、「茶道」、「茶の湯」、「煎茶」など、場合によっては「紅茶」までをもその内に含んで総称する名辞として、「茶」を用いる。なお、総称として「花」および「茶」を用いた研究には、村井康彦『花と茶の世界―伝統文化史論』（三一書房，1990）や小林善帆『「花」の成立と展開』（和泉書院，2007）がある。

16)　熊倉功夫『茶の湯といけばなの歴史　日本の生活文化』（左右社，2009）p. 5

17)　重森弘淹「現代いけばなの諸問題」河北倫明編『図説　いけばな大系　第 4 巻　現代のいけばな』（角川書店，1971）p.132。原文は鶴見俊輔『限界芸術論』（勁草書房，1967）p. 8 からの引用に基づく。

18)　日本放送協会放送史編修室編『日本放送史　下』（日本放送出版協会，1965）p.753

19)　内閣府「統計表一覧：消費動向調査」サイト掲載の統計表に拠る。URL は、

http://www.esri.cao.go.jp/jp/stat/shouhi/shouhi.html#taikyuu［2017年5月1日閲覧］。

20） 前掲注18，p.226

21） 野崎茂「資料紹介　日本放送協会編『放送五十年史』」『新聞学評論』第26巻（日本新聞学会，1977）p.215

22） 進藤咲子「『教養』の語史」『言語生活』（筑摩書房，1973年10月号）p.66

23） 岩永雅也「多様化するメディアと教養」『教育学研究』第66巻第3号（日本教育学会，1999） p.295

24） 放送法第二条二十九

25） 放送法第二条三十

26） 村上聖一「番組調和原則　法改正で問い直される機能　～制度化の理念と運用の実態～」『放送研究と調査』（日本放送出版協会，2011年2月号）p. 4

27）28） 生田正輝ほか『放送研究入門』（日本放送出版協会，1964）p.188

29）30）31） 前掲注27，p.190

32）33） 前掲注4，p.86

34） 前掲注22，p.66

35） 前掲注4，p.86

36）37） 斉藤賢治「家庭婦人のテレビ視聴―職業別比較を中心に―」『文研月報』（日本放送出版協会，1975年12月号）p.10

38） 前掲注36，p.15

39） 神山順一，藤岡英雄，岩崎三郎「講座番組の研究1　〈講座番組はどれだけ利用されているか〉―横浜調査の結果から―」『文研月報』（日本放送出版協会，1974年1月号）p.11

40） 日本放送協会編『NHK年鑑1955』（ラジオサービスセンター，1954）p.87

41） 藤原功達「家庭婦人はテレビ・ラジオをどのようにみききしているか」『文研月報』（日本放送出版協会，1965年12月号）p.14

42） 前掲注27，p.187

43） 1931年（発行年・以下同）から1940年までは『ラヂオ年鑑』、1941年から1948年までは『ラジオ年鑑』、1949年から1952年までは『NHKラジオ年鑑』、1952年以降は『NHK年鑑』に拠る。1930年以前は『年鑑』が発行されていないため、通史である＊『東京放送局沿革史』（1928）、＊『最近の放送事情』（1932）、＊『日本放送協會史』（1939）、＊『日本放送史』（1965）における該当時期の記述に拠る。

44） 放送法の定義では「教養番組」は「教育番組以外の番組」とされていること、および後藤の演説でも「教育の社会化」は「文化の機会均等」とは別の「職能」とされていることから、本書では、学校教育番組などのいわゆる「教育番組」は対象とはしない。

45)　放送番組の編成が通常4月期の改編を基準として年度ごとに区切られることから、本書では、放送実績の計測において、原則として年度を単位とする。

46)　NHK ONLINE「番組表ヒストリーについて」より。〈https://www.nhk.or.jp/archives/chronicle/pg/page000-02.html〉［2018年5月1日閲覧］

47)　長廣比登志「現代邦楽放送年表――NHKラジオ番組『現代の日本音楽』放送記録（64.4〜72.3）」『日本伝統音楽研究　第1号別冊改訂版』（京都市立芸術大学日本伝統音楽研究センター，2004）p.7

48)　『番組確定表』は「NHKアーカイブスに保存され、放送記録の確認や放送文化の研究のために利用されて」いる（NHK ONLINE「番組表ヒストリーについて」より]）。なお、『番組確定表』に基づき、特定の放送枠内での副題によって放送の内容を実証的に分析し、当該放送番組（放送枠）が持つ歴史的意義を明らかにした研究には、*長廣（2004）「現代邦楽放送年表――NHKラジオ番組『現代の日本音楽』放送記録（64.4〜72.3）」を始め、*野村（2004）「昭和初期のラジオが提供した『婦人』向け学習プログラム―1925-33年の番組分析から―」、*岡原（2007）『アメリカ占領期の民主化政策――ラジオ放送による日本女性再教育プログラム』、*野村（2011）「昭和初期におけるラジオ放送による大学開放講座」、*佐藤（2013）「1925〜1926年にかけてのJOAKにおけるオペラ関連番組」、*大地（2014）「NHKラジオ番組『幼児の時間』における音楽教育プログラムとその変遷―1935（昭和10）年から1952（昭和27）年を中心に―」がある。

49)　仮放送開始の3月22日が放送記念日として制定されている。

50)　社團法人日本放送協會編『業務統計要覧　昭和12年度』（社團法人日本放送協會，1938）p.4

51)　日本放送協会編『放送五十年史』（日本放送出版協会，1977）は、「戦時体制の始まりを満州事変以後ではなく日中戦争から」とし、「国民生活への影響、放送番組編成上の変化という点を考え、この時期を戦時体制下として区分」している（同書，p.860）。前掲注4『日本放送史　上』は、1934年の機構改革を画期としてはいるものの、「この期の教養放送の発展の姿は、だいたい、日華事変を中心として、前後の二つに分けて特徴づけることができる」ともしている（同上pp.351-352）。

52)　連合国軍最高司令官総司令部の下部組織CCD（民間検閲支隊）による放送への検閲は1949年10月18日に廃止された。前掲注51『放送五十年史』p.285および柳澤恭雄『検閲放送―戦時ジャーナリズム私史―』（けやき出版，1995）p.142参照。一方、「昭和二七年四月にサンフランシスコ条約が発効されたとき、『婦人の時間』の担当者がなによりも、喜んだのは、これで検閲から解放されるということであった。この思いは当時の『婦人の時間』担当者だれにきいても同じであった。」（飯森彬彦「占領下における女性対象番組の系譜・1　『婦人の時間』の復活」『放送研究と調査』1990年11月号，p.17）という記述や「二十七年四月、条約発効と同時にCIEは解消し、われわれは全く自由な立場で放送を行うことになった。」（川崎弘二「政治放送の歴史　占領時代」『放送文化』1962年4月号，p.16）という記述もあることから、1952年4月28日まで、CIE（民間情報教育局）による番組への指導ないし干渉は続いていたと考えられる。

53）　山本透「番組視聴の諸相 a.『ラジオ志向』から『テレビ志向』へ」日本放送協会総合放送文化研究所放送学研究室編『放送学研究　10　共同研究　日本におけるテレビ普及の特質　3分冊の3』（日本放送出版協会，1965）p.233

54）　各年度の編成概要を記述した『NHK年鑑』では、1964年度の『NHK年鑑 '65』まで、まずラジオ、次にテレビという記載順だったものが、1965年度から、まずテレビ、次にラジオという順に変わっていることも、この時点でラジオからテレビへの転換が完了したことの傍証とみなすことができよう。

55）　戸村栄子「データにみる80年代のテレビ視聴動向　その1　テレビ視聴の変化」『放送研究と調査』（日本放送出版協会，1991年6月号）p.67

56）　日本経済新聞社編『私の履歴書　文化人6　勅使河原蒼風』（日本経済新聞社，1983）p.312

57）　工藤昌伸『日本いけばな文化史　四　前衛いけばなと戦後文化』（同朋舎出版，1994）p.48

58）　水尾比呂志『いけばな　花の伝統と文化』（美術出版社，1966）p.139

59）　久保田滋，瀬川健一郎『日本花道史』（光風社書店，1971）p.87

60）　前掲注56，p.323

61）『週刊朝日』（朝日新聞社，1966年12月23日号）p.16

62）　熊倉功夫『近代茶道史の研究』（日本放送出版協会，1980）p.354および久田宗也「NHKテレビ『茶道講座』のまとめ」『茶道雑誌』（河原書店，1967年3月号）pp.11-21

63）　戸村栄子「データにみる80年代のテレビ視聴動向　その2　視聴動向の特徴」『放送研究と調査』（日本放送出版協会，1991年8月号）p.48

64）　社團法人日本放送協會編『昭和六年　ラヂオ年鑑』（誠文堂，1931）pp.308-309

65）　前掲注64『昭和六年　ラヂオ年鑑』p.308

66）　日本放送協会編『放送五十年史』（日本放送出版協会，1977）p.30

67）68）　社團法人日本放送協會編『日本放送協會史』（日本放送出版協會，1939）p.200

69）　前掲注67，pp.200-201

70）　前掲注67，p.201

71）　前掲注 4, p.86
72）　前掲注 67, p.201
73）　社團法人日本放送協會編『昭和十一年　ラヂオ年鑑』（日本放送出版協會, 1936）p.37
74）　それまで「『週間女性展望』の名称で毎週初めに放送されていたインテリ婦人向きの講演を改題した」ものという。前掲注 73, p.37 参照
75）　前掲注 64, p.324
76）77）　前掲注 64, p.326
78）　稲垣恭子『女学校と女学生　教養・たしなみ・モダン文化』（中央公論新社, 2007）p. 6
79）　野村和「昭和初期のラジオが提供した『婦人』向け学習プログラム―1925-1933 年の番組内容分析から―」『日本社会教育学会紀要』第 40 号（日本社会教育学会, 2004）p.57
80）81）82）　前掲注 7, p.139
83）　マイケル・G. ムーア, グレッグ・カースリー（Moore, Michael G. & Kearsley, Greg）『遠隔教育 生涯学習社会への挑戦』高橋悟編訳（海文堂出版, 2004）p. 120
84）85）86）87）　前掲注 7, p.140
88）89）　鈴木幹子「大正・昭和初期における女性文化としての稽古事」『近代日本文化論 8　女の文化』（岩波書店, 2000）p.58
90）　前掲注 7, p.141
91）　前掲注 78, p. 7
92）　日本における放送は、社団法人東京放送局（JOAK）、社団法人大阪放送局（JOBK）、社団法人名古屋放送局（JOCK）の 3 局体制で始められた。その後、3 局は社団法人日本放送協会に統合され、東京放送局は関東支部（放送時の呼称は東京中央放送局）となったが、JOAK のコールサインは残った。
93）　青鉛筆の記者「JOAK 家庭部主任　大澤豊子女史」『婦選』（婦選獲得同盟, 1932 年 3 月号）pp.65-66
94）　児玉勝子『婦人参政権運動小史』（ドメス出版, 1981）pp.39-40
95）　市川房枝『市川房枝自伝戦前編』（新宿書房, 1974）p.55
96）　平塚らいてう『元始、女性は太陽であった――平塚らいてう自伝（完結篇）』（大月書店, 1973）p.71
97）　大澤豊子「記者生活から 2 ―社會部記者として―」『婦女新聞』（1924 年 3 月 23 日）p. 7
98）　前掲注 57, p.92
99）　『いけばな総合大事典』（主婦の友社, 1980）p.418

100） 前掲注 56，pp.299-300
101） 前掲注 56，pp.300-301
102） 前掲注 59，p.73
103） 大澤豊子「趣味に活きる喜び」『生活と趣味』（生活と趣味之会，1934）pp. 75-76
104） 前掲注 103，p.75
105） 東京中央放送局『JOAK TEXT 誰れにも出来る投入花と盛花　講師　勅使河原蒼風』（日本放送協会関東支部，1929）本文 p. 1
106） 前掲注 105『JOAK TEXT 誰れにも出来る投入花と盛花　講師　勅使河原蒼風』序 p. 1
107） 前掲注 56，p.301
108） 工藤昌伸『日本いけばな文化史　三　近代いけばなの確立』（同朋舎出版，1993）p.105
109） ラジオ草創期における女性向け教養番組において、「花」を主題とする講座が編成された放送枠は、1934 年度までは『家庭講座』であり、1935 年度以降は『婦人の時間』も加わった。1935 年度以降における女性向け教養番組の系統は、『家庭講座』だけでなく『婦人の時間』でも「花」を主題とする講座が放送されたことが示すように、それ以前の 3 系統体制のように明確に内容を分別されたものではなかったと考えられる。また、放送枠の呼称としても、1935 年 9 月以降の『番組確定表』に『婦人講座』も現れることから必ずしも統一されていなかったことが窺える。
110） 大阪局や札幌局など東京以外の放送局でも「花」を主題とする講座を各地域向けに放送していたことが、複数の文献の記載から窺える（＊相良忠道編『大阪放送局沿革史』 p.318、前掲注 108『日本いけばな文化史　三　近代いけばなの確立』p.105、海野弘『花に生きる　小原豊雲伝』p.83）。ただし、本書は、東京放送局の開局時に職能として期待された「文化の機会均等」の様相を解明することを目的としており、ラジオ草創期の資料には、「婦人家庭向の放送」が「全國貫流的に放送されるのは東京（略）の送る種目」（＊社團法人日本放送協會編『昭和九年　ラヂオ年鑑』p.152）であって、たとえば大阪については、その「社會的影響は大阪市を中心とする一帯の地域に限定されて居るかに思はれる」（同書 p.153）と記されており、東京以外の各局からの放送は限られた地域向けであることから、『番組確定表』に全国中継と記載されている場合を除いて、地域向けの講座は対象としていない。
111） 制作担当者在任期間別の内訳は、翠川秋子在任中が 8 、大澤豊子在任中が 70、大澤退職後が 21 である。
112） 前掲注 56，p.301

113）出演回数が1回または2回しかない講師や流派が不明の華道家、教育家、評論家などは「その他」の項に一括した。また、岡田廣山と勅使河原蒼風は1934年4月23日の講義に揃って出演しているため、各々に1回分を加算している。したがって合計の数値は放送本数の99とは異なり、100となる。

114）渡邉侃『現代華道家名鑑』（現代華道家名鑑刊行會, 1929）p.57

115）前掲注50より作成。

116）1928年11月の御大典中継を契機として、ラジオの全国中継網が整備され、以後、全国放送が次第に多くなる。JOAK発の「花」を主題とする講座のうち、全国中継されたものがどれであるかは特定できないが、全国中継された場合、聴取可能世帯数はさらに多くなり、東京圏での放送の1.5倍から2倍以上になると考えられる。

117）蒼風は1937年度内の1938年2月に1回講義をおこなっている。受信契約数の推移が年度別であるのに合わせて、1937年度の蒼風の講義回数を6とした。

118）勅使河原葉満『女の自叙伝　花に魅せられ人に魅せられ』（婦人画報社, 1989）p.60

119）草月出版編集部編著『創造の森 草月 1927-1980』（草月出版, 1981）p.26

120）前掲注119, p.32

121）前掲注118, p.58

122）西阪清華編「團體及家元著名花道家」『華道年鑑（昭和十八年版）』（華乃栞社, 1943）p.364

123）前掲注122, p.325

124）前掲注114, p.57

125）前掲注4, p.198

126）ポール・ラングラン（Lengrand, Paul）『生涯教育入門　第二部』波多野完治訳（日本社会教育連合会, 1979）p.39

127）工藤昌伸『日本いけばな文化史　三　近代いけばなの確立』前掲注108, p. 105

128）前掲注56, pp.300-301

129）前掲注118, p.60

130）前掲注56, p.301。なお、蒼風はこの時の講義回数を「十二回ほど」と述懐しているが、実際には7回である。蒼風は、この年が7回の連続講義であり、もう一つの連続講義である1937年の講義が連続5回であることから、両者の講義回数を足して「十二回ほど」と表現したとも考えられる。

131）工藤光洲「家庭講座　家庭盛花」東京放送局編『ラヂオ講演集　第9輯』（日本ラヂオ協會, 1925）p.260

132）久野連峰「京都古流花留なしの法」日本放送協會関東支部編『ラヂオ講演集

第12輯』(日本ラヂオ協會, 1925) p.210

133) 掲載テキストのうち、『ラジオ家庭講座　裁縫・手芸・生花』、『JOAK TEXT (家庭講座テキスト)　誰れにも出来る投入花と盛花』、『ラジオ・テキスト婦人講座　生花と盛花』、『ラジオ・テキスト婦人講座　手軽な生花』は、本書の調査で確認。『ラジオテキスト　秋期婦人家庭講座　投入花の手ほどき』は、野村 (2004) に拠る。なお、この他、1929年に発行された『ラヂオ家庭講座　盛花と投入の講習』(講師は竹山流盛花瓶華家元　佐々木竹山) も確認しているが、発行者が社團法人日本放送協會東海支部であるため、本書における考察の対象とはしていない。

134) 発行者は東京放送局。

135) 発行者は社團法人日本放送協會關東支部東京中央放送局。

136) 発行者は日本放送出版協會。

137) 発行者は日本放送出版協會。

138) この英語講座の「企画打合せ資料」である「ラヂオ英語講座要項　東京放送局」には、講座の「聴講申込方法」が記されている。それによると、「テキスト希望ノ方ハ (中略) 振替貯金ニテ実費 (送料ヲ含ム) トシテ金50銭送金シテ下サイ」、「テキスト発送方法」は「2週間分宛3回に互リテ送付シマス」となっている。日本放送協会編『放送五十年史　資料編』(日本放送出版協会, 1977) p.276参照。

139) 前掲注4, p.89

140) 前掲注119, p.30

141) 前掲注119, p.58

142) 前掲注118, p.85

143) 熊倉功夫「芸事の流行」藝能史研究會編『日本芸能史　第七巻　近代・現代』(法政大学出版局, 1990) p.227

144) 前掲注108, p.52

145) 前掲注7, p.143

146) 前掲注7, pp.138-143

147) 148) 前掲注7, p.143

149) 前掲注67, p.201。ただし、『婦人講座』という呼称は、この後の『番組確定表』にも現れることから、『婦人の時間』と改称した時期は明確ではない。本書では、『日本放送協會史』の記述に従い、1934年秋としておく。

150) 社團法人日本放送協會編『昭和十年　ラヂオ年鑑』(日本放送出版協會, 1935) p.133。

151) 『東京朝日新聞』1925年6月26日7面

152) 上田正昭ほか監修『日本人名大辞典』(講談社, 2001) p.1830

153)　翠川秋子「職業戦線受難二つ（女性受難十二景）」『婦人画報』（婦人画報社，昭和５年12月号）p.136

154) 155)　前掲注152，p.1830

156)　前掲注153，pp.138-139

157)　前掲注93，p.65

158)　前掲注153，p.139

159)　前掲注７，p.139

160)　前掲注７，pp.139-140

161) 162)　前掲注３，p.133

163)　前掲注93，p.67

164)　1937年度における放送番組の構成割合では、報道部門の構成割合が１％、１日あたり平均放送時間が47分増加した（前掲注50『業務統計要覧　昭和12年度』pp.４－５）。

165)　前掲注51，p.116

166)　前掲注51，p.276

167)　前掲注51，p.314。なお、欧米の放送制度とその変遷については、片岡（2001）『新・放送概論　デジタル時代の制度をさぐる』（日本放送出版協会）の第７章に詳しい。

168)　前掲注4，p.363

169)　1940年５月に「都市放送」（1939年に「第二放送」から呼称変更）に特設。1941年４月より「全国放送」。

170)　社團法人日本放送協會編『昭和十七年　ラジオ年鑑』（日本放送出版協會，1941）p.119

171)　社團法人日本放送協會編『昭和十五年　ラヂオ年鑑』（日本放送出版協會，1940）pp.144-145

172)　社團法人日本放送協會編『昭和十六年　ラヂオ年鑑』（日本放送出版協會，1940）pp.118-119

173)　1939年には、「事変が長期化するにつれ、婦人の職場進出が、婦人の自覚、時局の要請などによって、目だってきた」（前掲注４『日本放送史　上』p.364）ことにともない、夜間に『職業婦人の時間』が放送された。女性向け教養番組は、東京放送局仮放送開始時の後藤新平の演説に表されたように、元々「家庭にいる」女性を対象聴取者層として想定したものだったが、戦争の影響によって、その対象聴取者層に、「外に出て働く」女性が加えられたことになる。

174) 175)　前掲注４『日本放送史　上』p.521

176)　社團法人日本放送協會編『昭和十八年　ラジオ年鑑』（日本放送出版協會，1943）pp.42-43

177） 午後の放送は『新しき生活の建設』と呼称されていた。前掲注176『昭和十八年　ラジオ年鑑』p.17参照。
178） 『主婦日記』は1953年3月の放送記念日にちなんで「料理コンクールを実施」（前掲注18『日本放送史　下』p.80）した。
179） 1949年1月開始（前掲注4『日本放送史　上』p.736）。
180） 1949年1月に「『婦人の時間』の名作朗読を独立させた」（前掲注4『日本放送史　上』p.737）放送枠。
181） 1950年3月開始。『若い女性』は、若年女性を対象聴取者層として設定し、「ティーンエージャーという言葉がこの番組の中で使われ、そののち流行語となった」（前掲注18『日本放送史　下』 p.81）。
182） 1950年4月開始（前掲注18『日本放送史　下』p.81）。
183） 1951年4月開始（前掲注18『日本放送史　下』p.81）。
184） 1937年度は7月7日以降のみで、7月6日以前は含まない。また、1952年度はこの期間においては4月28日までと1か月足らずであり、「花」を主題とする講座の放送もおこなわれなかったことから、図には含めていない。
185） 前掲注171, p.145
186） 1931年に第二放送が開始され、ラジオ放送は2波体制となった。そして1939年には第一放送は全国放送、第二放送は都市放送に呼称を変更された。都市放送は1941年12月8日以降廃止され、全国放送のみの1波体制となった。
187） 古田尚輝「ラジオ第2放送70年　編成の分析　～教育放送への道のり～」『放送研究と調査』（NHK出版, 2001年10月号）p. 8
188） 前掲注170, pp.119-120
189） 前掲注170, p.27
190） 前掲注170, p.29
191） 社團法人日本放送協會編「反響」『放送研究』（日本放送出版協會, 1943年2月号）p.119
192） 前掲注170, p.119
193） 前掲注170, p.30
194） 前掲注170, p.120
195）196） 社團法人日本放送協會編「番組企畫」『放送研究』（日本放送出版協會, 1942年1月号）p.14
197）198）199）200） 前掲注176, p.43
201）202） 社團法人日本放送協會編「講演放送」『放送研究』（日本放送出版協會, 1942年4月号）p.49
203） 前掲注172, p.118
204） 前掲注4, p.699

205）　前掲注 4，p.656

206）　前掲注 152，p.302

207）　NHK 放送文化調査研究所放送情報調査部『GHQ 文書による占領期放送史年表（昭和 20 年 8 月 15 日―12 月 31 日）付　対日情報政策基本文書』（NHK 放送文化調査研究所放送情報調査部，1987）p.37

208）　江上フジ「終戦後の『婦人の時間』」『放送文化』（日本放送出版協会，1947 年 4 月号）p.14

209）210）　前掲注 4，p.736

211）　1948 年 9 月開始（前掲注 4『日本放送史　上』p.736）。

212）　1949 年 1 月開始（前掲注 4『日本放送史　上』p.736）。

213）　1949 年 1 月に「『婦人の時間』の名作朗読を独立させた」（前掲注 4『日本放送史　上』p.737）放送枠。

214）　日本放送協会編『NHK ラジオ年鑑　昭和 24 年版（1949 年版）』（日本放送出版協会，1949）p. 3

215）　前掲注 4，p.710

216）　前掲注 4，p.705

217）　前掲注 4，p.734

218）　日本放送協会編『NHK 年鑑 1954』（ラジオサービスセンター，1953）p.83

219）　前掲注 4，p.735

220）　前掲注 56，p.312

221）　前掲注 4，p.734

222）　前掲注 208，p.14

223）　社團法人日本放送協會編『ラジオ年鑑　昭和二十二年版』（日本放送出版協會，1947）p.37

224）　前掲注 208，p.14

225）226）　前掲注 207，p.53

227）　前掲注 4，p.734

228）　長谷耕作「キャンペインはどう扱うべきか」『放送文化』（ラジオ　サービスセンター，1952 年 11 月号）p.11

229）　宮田章「許可された自立～占領期インフォメーション番組におけるメッセージの変容」『放送研究と調査』（日本放送出版協会，2015 年 4 月号）p.82

230）231）　江上フジ「社会の歩みと婦人放送」『放送文化』（日本放送出版協会，1962 年 3 月号）p.20

232）　川崎正三郎「愛されるインフォメーション」『放送文化』（ラジオ　サービスセンター，1952 年 11 月号）p. 8

233）234）　江上フジ「“婦人の時間”の十年」『婦人公論』（中央公論社，1955 年 8

月号）p.165
235） 前掲注 233，p.164
236） 前掲注 208，p.15
237） 前掲注 233，p.165
238） 江上フジ「婦人向番組について」（「教養放送の研究　―婦人番組篇―」）『放送文化』（日本放送出版協会，1951 年 1 月号）pp. 4－5
239）240） 筒井清忠『日本型「教養」の運命　歴史社会学的考察』（岩波書店，1995）p.175
241） 高橋邦太郎「放送開始 30 周年　―NHK の歩み見たり聞いたり―」『放送文化』（ラジオ　サービス　センター，1955 年 3 月号）p.24
242） 前掲注 18，p.67
243） 前掲注 18，p.79
244） 日本放送協会編『NHK ラジオ年鑑　1951』（ラジオ・サービス・センター，1951）p.102
245） 片桐顕智「社会放送とは何か」『放送文化』（ラジオ　サービス　センター，1952 年 11 月号）p. 4
246） 前掲注 229，p.80
247） 前掲注 232，p. 8
248）249） 前掲注 229，p.80
250） 初年度の『女性教室』においては、各月の主題の開始日は必ずしも月初ではなく、月途中での主題交代がある。また、12 月は複数の主題が編成された。
251） 初期『女性教室』は、原則としてメインコーナーとサブコーナーの 2 部構成で編成された。サブコーナーは設けられないこともあったが、1950 年度におけるその主題は、「美容メモ」、「栄養メモ」などである。
252） この月のメインコーナーの主題は、「洗濯の研究」である。
253） 重森弘淹「現代いけばなの歩み（戦後）」河北倫明編『図説　いけばな大系　第 4 巻　現代のいけばな』（角川書店，1971）p.115
254） 前掲注 253，p.118
255） 工藤（1994）は「前衛いけばなの運動の終焉をいつの時点に置くかについては、（中略）今振り返ってみれば、昭和三十年（一九五五）『いけばな芸術』誌の廃刊とともにその運動は終わったとみてよいのではなかろうか。」（前掲注 57『日本いけばな文化史　四　前衛いけばなと戦後文化』p.114）と記している。
256） 前掲注 57，p.77
257）「いけばな三巨匠展」と呼称された。
258） 前掲注 57，p.60
259） 前掲注 57，p.63

260)　前掲注 57, p.85

261)　日本放送協会編『NHK 年鑑 1956』(日本放送出版協会, 1955) p.87

262)　前掲注 208, p.15

263)　前掲注 233, pp.164-165

264) 265)　前掲注 233, p.165

266)　前掲注 233, p.164

267)　前掲注 230, p.20 には「首を覚悟で」という表現がある。

268)　馬場・フランク「日本を去るにのぞんで」『放送文化』(ラジオ・サービス・センター, 1952 年 2 月号) p.42

269) 270) 271) 272) 273)　前掲注 233, p.165

274)　前掲注 93, p.68

275)　日本放送協会編『NHK 年鑑 1959』(日本放送出版協会, 1958) p.44

276)　辻村明「日本におけるテレビ普及の特質　研究目的」日本放送協会総合放送文化研究所放送学研究室編『放送学研究　8　共同研究　日本におけるテレビ普及の特質　3 分冊の 1』(日本放送出版協会, 1964) p. 9

277)　山本透「番組視聴の諸相 a.『ラジオ志向』から『テレビ志向』へ」前掲注 53, p.230

278)　たとえば、最初の民放ラジオ局である中部日本放送の放送開始日には『服飾講座』が放送された。ただし、当日の内容は詩の朗読であったという(前掲注 51『放送五十年史』p.317 参照)。

279)　前掲注 51, p.351

280)　前掲注 53, p.230

281) 282)　前掲注 276, p. 9

283)　19 時から 22 時までの夜間聴取好適時間帯。ゴールデンタイムとも呼ばれる。

284)　前掲注 53, p.231 の第 6 -55 図「ラジオ・ゴールデンアワー聴取率の推移」および同書付録に所収の「付表」を元に作成。なお、1953 年度のラジオ/ゴールデンアワー聴取率は原資料に記載が無いため、図には記していない。

285) 286)　前掲注 53, p.233

287)　石川研「生成期日本の地上波テレビ放送と輸入コンテンツ」『社会経済史学』(社会経済史学会, 2005 年 11 月号) pp.49-70 や古田尚輝「テレビジョン放送における『映画』の変遷」『成城文藝』第 196 号(成城大学, 2006) pp.266 (1) -213 (54) などの研究がある。

288)　前掲注 275, p.91

289)　日本放送協会編『NHK 年鑑 1962No. 2』(日本放送出版協会, 1962) p. 4。『NHK 年鑑』は、1960 年度の記録が『1962 年版』として発行され、1961 年度の記録が『1962 年版 No. 2』として発行された。『1962 年版』までは表題と発行年が1年ずれており、『1962年版 No.2』以降は表題と発行年が一致する。

290）本書では、ラジオからテレビへの転換期における調査と考察の対象を、公共放送（NHK）のラジオおよびテレビとしている。1953年以降、民間放送（民放）では、日本テレビ（1953年）、ラジオ東京（1955年）、大阪テレビ放送および中部日本放送（共に1956年）などがテレビ放送を開始した。このうち日本テレビはラジオ放送をおこなっていない。また、他の局もラジオ放送の開始がテレビ放送開始の2年足らず前にすぎないことから、「各社は正直なところラジオの経営に精一杯で、テレビにまでは手が回らないというのが実情であった」（山本透「日本におけるテレビ普及の特質　送信者の実態　放送局」日本放送協会総合放送文化研究所放送学研究室編『放送学研究　8　共同研究　日本におけるテレビ普及の特質　3分冊の1』1964, p.69）。したがって、ラジオとテレビとの棲み分けを考慮した編成に本格的に取り組む状況には無かったと考えられるからである。

291）日本放送協会放送文化研究所編『国民生活時間調査』（日本放送出版協会, 1962）

292）NHK放送文化研究所編『日本人の生活時間』（日本放送出版協会, 1963）p.135

293）前掲注53, p.233

294）日本放送協会放送世論研究所編『昭和40年度国民生活時間調査』（日本放送出版協会, 1966）

295）日本放送協会放送世論研究所『テレビと生活時間』（日本放送出版協会, 1967）p.29

296）前掲注41, p.14

297）本書では、1964年度末を1965年4月3日とする。放送番組の編成は、定曜定時の放送を基準とする放送枠がほとんどであることから、原則として週単位でおこなわれ、放送の年度替わりは週の切れ目である日曜または月曜からとされる。したがって、放送年度の末日は3月31日とは異なることがある。

298）1958年度に『婦人グラフ』と改称し1959年度に終了。

299）『女性教室』は、1960年度には『主婦の時間』の1コーナー、1963年度には『午後の茶の間』の1コーナーとなったが、『女性教室』の呼称は残り、放送時刻の上でも他のコーナーと区別されているため、放送枠としての独立性は保っている。

300）前掲注51, p.326

301）ラジオでの女性向け教養番組『女性教室』の放送時間帯は、1950年度の放送開始から1953年度途中まで午前10時台（10時または10時30分から）、1953年度途中から1959年度まで午後2時台（ほとんど2時45分から、まれに2時5

分または2時30分から)、1960年度から1962年度まで午前9時台(9時30分または31分から)、1963年度は午後2時30分から、1964年度(放送終了年度)は午前9時15分から、であった。テレビでの女性向け教養番組放送枠である『ホーム・ライブラリー』の放送時間帯は、1952年度の放送開始から1958年度の放送終了まで午後0時台または1時台(0時20分または0時35分からと1時または1時15分から)、同じく『婦人百科』は1959年度の放送開始から同年度の9月まで0時台(0時20分から)だったが、1959年10月以降1963年度まで午前10時台(10時30分または35分から)、そして1964年度に放送された『季節のいけばな』は午後2時台(2時35分から)であった。

302) 沼田真『生態学方法論』(古今書院, 1979) p312

303) テレビでの「花」を主題とする講座は、放送開始年度である1952年度から編成(1953年3月26日～27日「テレビ生花教室」)された。

304) ラジオでは、唯一、1961年度の小原豊雲による連続7回の講座における副題が季節性のみを有して入門性が無い。しかし、この時の講座は「いけばなと俳句」という副題のもとで、池坊専永、小原豊雲、勅使河原和風がリレー式に講義したものであり、池坊専永と勅使河原和風は、共に入門性を有する講義をおこなっているから、全体として入門性を有するとみなすこともできるだろう。その中で、小原豊雲が季節性を有する講義をおこなったのは、「いけばなと俳句」というタイトルに合わせるためだったとも考えられる。副題が「いけばなと俳句」となっているのは、この月の下旬に中村汀女による俳句の講座が設定されていたためである。

305) 片岡俊夫『増補改訂　放送概論　制度の背景をさぐる』(日本放送出版協会, 1990) p.14

306) 1953年6月17日から19日にかけて『ホーム・ライブラリー』で放送された、安達潮花出演の「六月の生け花」は、17日と18日が共に「(1)水仙」、19日が「(2)山百合」となっている。18日には再放送の表記が無いため、本書では本放送として扱っているが、連続回数を計上する上では、副題の表記に準じて2回とした。

307) 日本放送協会編『NHK年鑑1961』(日本放送出版協会, 1960) p.113

308) 309) 前掲注307, p.178

310) 吉田行範, 坂本朝一, 岡本正一, 山崎誠「座談会　ラジオ・テレビの特性を生かして――新しいNHK放送番組の編成方針」『放送文化』(日本放送出版協会, 1961年4月号) p.12

311) 日本放送協会編『NHK年鑑1962』(日本放送出版協会, 1961) pp.54-55

312) 前掲注311, p.100

313) 前掲注311, p.195

314)　前掲注 18, p.520
315) 316)　前掲注 289, p.42
317)　日本放送協会編『NHK 年鑑 '64』(日本放送出版協会, 1964) p.75
318)　前掲注 289, p. 4 には、「最近の傾向として、ラジオの聴取好適時間帯は、夜間から朝の 6 〜 7 時台に移行し、同時に、聴取態度では“重なり行動を伴なう聴取”、すなわち、何かほかの仕事をしながら聞くといった態度が顕著にみられる。」という記述がある。
319)　前掲注 289, p.42
320)　日本放送協会編『NHK 年鑑 '65』(日本放送出版協会, 1965) p.150
321)　「新番組ライン・アップ」『放送文化』(日本放送出版協会, 1964 年 4 月号) p.66
322)　前掲注 119, p.30
323)　前掲注 261, p.87
324)　日本放送協会編『NHK 年鑑 1958』(日本放送出版協会, 1957) p.220
325)　ジョン・フィスク (Fiske, John)『テレビジョンカルチャー　ポピュラー文化の政治学』伊藤守訳 (梓出版社, 1996) p.36
326) 327)　パトリック・バーワイズ, アンドルー・エーレンバーグ (Barwise, Patrick & Ehrenberg, A. S. C.)『テレビ視聴の構造　多メディア時代の「受け手」像』田中義久, 伊藤守, 小林直毅訳 (法政大学出版局, 1991) p.223
328)　米倉律「初期“テレビ論”を再読する　【第 1 回】ジャーナリズム論　〜ラジオジャーナリズムからテレビジャーナリズムへ〜」『放送研究と調査』(日本放送出版協会, 2013 年 8 月号) p.10
329)　原文ママ。昭和年号表記。
330)　前掲注 320, p.149
331)　ただし、「花」を主題とする講座はこの年度には『季節のいけばな』として独立して編成されていたため、テキストには収録されていない。
332)　放送番組のテキストは通常、一つの番組 (放送枠) ごとに発行される。
333)　前掲注 152, p.1257
334)　『番組確定表』では、肩書に古流家元と表記されている場合がある。
335)　前掲注 311 他、各年度の年鑑を参照。
336)　勅使河原霞は、1932 年 10 月 20 日生まれ (前掲注 152『日本人名大辞典』による)。テレビでの「花」を主題とする講座への初出演は 1954 年 3 月 2 日である。
337)　倉持百合子「長年の助手の一人として」『飛翔　勅使河原霞追悼集　普及版』(主婦の友社, 1982) p.163
338)　河村香調「霞先生は、草月の宝物でした」『飛翔　勅使河原霞追悼集　普及版』(主婦の友社, 1982) p.180

339)　『女性自身』(光文社，1963年11月18日号) pp.46-49
340)　1965年の国民生活時間調査では、「ラジオをきいている時間の八〇％以上がながら聴取の時間」だった。前掲注295『テレビと生活時間』p.30参照。
341)　前掲注56，p.314
342)　前掲注119，p.121
343)　1948年3月15日には、バンカース・クラブ教室の第1回卒業式がおこなわれ、マッカーサー夫人の手から卒業免状が手渡された。前掲注119『創造の森 草月1927-1980』p.126参照。
344) 345) 346)　前掲注119『創造の森 草月1927-1980』p.126
347)　前掲注119，p.144
348)　前掲注119，p.190
349)　大井ミノブ編『いけばな辞典』(東京堂出版，1976) p.311
350)　前掲注349，p.317
351)　前掲注119，p.190
352)　倉持百合子は「独立して教えはじめた霞の助手となって、最後までその任を果した」という。前掲注119，p.142参照。
353)　前掲注119，p.190
354)　前掲注119，p.192
355)　戸村栄子「データにみる80年代のテレビ視聴動向　その1　テレビ視聴の変化」前掲注55，p.67
356)　前掲注305，pp.13-14
357)　前掲注51，p.522
358)　前掲注51，p.513
359)　前掲注51，p.688
360) 361)　前掲注51，p.452
362)　前掲注51，p.690
363)　前掲注51，p.488
364)　前掲注51，p.551
365)　日本放送協会放送文化研究所放送学研究室編『放送学研究　28　日本のテレビ編成』(日本放送出版協会，1976) p.152
366)　前掲注138『放送五十年史　資料編』p.612およびpp.627-628参照。なお、部門の名称について、民間放送では1959年度まで「娯楽」ではなく「文芸娯楽」となっている。
367)　前掲注41，p.14
368)　前掲注18，p.787
369)　前掲注18，p.349

370）　前掲注 18，p.459

371）　前掲注 18，p.523

372）　前掲注 18，p.521

373）　第 2 章 2.1 節の『婦選』記事の引用で示したとおり、料理番組はラジオ草創期においても『家庭講座』や『婦人講座』とは別の独立した放送枠である『朝の料理』として編成されていた。このことから、本書においては、『きょうの料理』など実用情報に特化して独立した料理番組は、日本文化の伝播を旨とする女性向け教養番組の系統には含めず、別の系統として扱い、詳細な分析の対象とはしない。

374）　前掲注 275，p.165

375）　翌 1958 年度には『婦人グラフ』と改称され、1959 年度まで継続。

376）377）　前掲注 18，p.470

378）　前掲注 18，p.519

379）380）　前掲注 18，p.470

381）　前掲注 18，p.519

382）383）384）385）386）387）　前掲注 307，p.210

388）　前掲注 18，p.519

389）　前掲注 4，p.86

390）　前掲注 18，p.471

391）392）　前掲注 18，p.520

393）　前掲注 289，p.40

394）　放送を集団で視聴し学習する少人数のグループが全国的に組織された。その数は、1968 年度には約 28000 グループ、32 万人に達した（古田尚輝「『技能講座』から『趣味講座』へ　～教育テレビ 40 年　生涯学習番組の変遷～」『放送研究と調査』1999 年 11 月号，p.46）。

395）　荒牧富美江「テレビ放送における婦人番組の変遷」『立正女子大学短期大学部研究紀要』第 12 号，1968, pp.22-43 参照。なお、荒牧は、「詳細は不明」としながらも、1958 年 5 月の日本テレビ『明るい家庭』では「生花」が、また同年 10 月の KRT（後の TBS）『婦人スクール』では「生花教室」が編成されていたことを記しており、民間放送においても初期には「花」を主題とする講座が存在していたことになる。

396）『おかあさんといっしょ』は 1961 年度の編成を記録した年鑑で、幼児番組（上位分類は教育放送）に類別されるようになった。前掲注 289『NHK 年鑑 1962No. 2』p.106 参照。

397）『婦人学級』は 1970 年度まで放送された（＊『NHK 年鑑 '71』p.138）。1971 年度は『家庭学級』が 1 年度のみ放送された（＊『NHK 年鑑 '72』p.196）。

398）『婦人の話題』は『テレビ婦人の時間』に統合された（『NHK 年鑑 1962No. 2』p.117）。

399） 日本放送協会編『NHK 年鑑 '63』（日本放送出版協会，1963）p.116

400） 前掲注 399，p.117

401） 前掲注 320，p.149

402）『くらしの窓』は 1965 年度で終了し、1966 年度からは後継番組として『こんにちは奥さん』が新設された。この放送枠は「一般主婦向けのワイド番組」（＊『NHK 年鑑 '67』p.120）で、いわゆる朝のワイドショーに類する番組といえる。『こんにちは奥さん』は 1973 年度終了。1974 年度からは「討論番組」（＊『NHK 年鑑 '75』p.112）として『奥さんごいっしょに』、1980 年度からは「朝のいわゆるモーニングショー」（＊『NHK 年鑑 '81』p.124）である『おはよう広場』へと変遷し、1983 年度まで続いた。

403） この時は、『趣味の園芸』と『邦楽のとびら』も新設されたが、『年鑑』では、女性向け教養番組（当時の用語では婦人番組）には類別されていない。

404） 1965 年度新設。「インタビュー」、「話題の人の紹介」、「あなたの相談室」、「趣味のコーナー」（＊『NHK 年鑑 '66』p.114）などで構成された。翌 1966 年度には、「内容を刷新」し、「科学の話題」、「ニュースの窓」、「ことばとわたし」、「音楽」という四つのコーナーからなる「今日性のある教養ワイド番組」（＊『NHK 年鑑 '67』p.121）とされたが、同年度で終了した。

405） それぞれに『午後のひととき　季節のいけばな』、『午後のひととき　茶道講座』などと前年度に準じた番組名が併記され、番組としての独立性は残されていた。

406） それぞれに『趣味のコーナー　いけばな』、『趣味のコーナー　お茶』などと主題が併記され、主題ごとの独立性は残されていた。

407） 1967 年度には『午後のひととき』を受け継ぐ放送枠として『女性手帳』が新設され、1981 年度まで継続した。この放送枠は、「ニュースの窓」、「話の招待席」、「ことばとわたし」、「音楽」という四つのコーナーで構成されていた（＊『NHK 年鑑 '68』p.130）。

408） 女性向け（婦人番組）という類別がある最後の『年鑑』で記載されているのは、『婦人百科』と『きょうの料理』のみである（＊『NHK 年鑑 '85』pp.169-170）。『きょうの料理』を『料理献立』の系列に連なる番組とみなすこともできようが、女性向け教養番組の系譜においては、時に他の放送枠に料理が吸収されるなどして、必ずしも継続した歴史を有していない。

409） 講座番組一般についてのものではあるが、1970 年代におこなわれた利用実態調査において、「講座番組は『実用的』なものに重点をおくべきか、それとも『学問的』なものに重点をおくべきかをたずねたところ、いずれの群においても

『実用的』を望むものが多数派を占めた」（藤岡英雄「講座番組の研究 5 講座番組利用の諸類型—利用者の類型化と番組機能の分析—」『文研月報』1975 年 6 月号，日本放送出版協会，p.30)。女性向け教養番組の系譜が「実用」を旨とするものに収斂したことには、視聴者からも支持されるものであったと考えられる。

410） 1959 年 10 月 5 日から。前週までは、午後 1 時 20 分開始。

411） 1960 年 9 月 5 日から。前週までは、午前 10 時 35 分開始。

412） 放送終了時刻は、1964 年度（1965 年 4 月 2 日）まで午前 11 時、1965 年度（1965 年 4 月 5 日）からは午前 10 時 59 分。

413） 前掲注 59，p.87

414） 熊倉功夫『茶の湯といけばなの歴史　日本の生活文化』前掲注 16，p. 5

415） 重森弘淹「現代いけばなの諸問題」前掲注 253，p.132

416） 前掲注 39，p.14

417） 熊倉功夫『近代茶道史の研究』前掲注 62，p.354 および久田宗也「NHK テレビ『茶道講座』のまとめ」前掲注 62，pp.11-21

418）「ラジオ草創期」から「ラジオ戦時期」、「ラジオ占領期」を経て「ラジオからテレビへの転換期」に至るまでの期間に、「茶」を題材とする講座が編成されなかったわけではない（前掲注 62『近代茶道史の研究』，pp.311-313 参照)。また、講座ではないが、大規模な茶会が中継放送されて大きな反響を呼んだこともあった（同書，pp.318-319)。

419）「花」と「茶」以外に長期に渡り多数の番組が定期的に編成された主題には、「料理」、「園芸」、「手芸」、「書道」などがある。「香」や「日本舞踊」はほとんど編成されておらず、「能」、「狂言」、「歌舞伎」など素人の弟子を採らない伝統文化は女性向け教養番組の継続的な主題とはなっていない。

420）「花」および「茶」が編成された放送枠は時期によって異なるが、いずれの時期においても、放送枠の放送時間帯および枠内での放送時間は同一だった。両者の間で数量的に差異が生じるのは放送本数である。したがって、放送本数の比較をもって、両者の数量的差異とその遷移を示すことが可能である。

421） 前掲注 276，p. 9

422） この年度は、「花」 2 に対し「茶」が 3 で、「茶」が「花」を上回る。

423） この年度は、「花」 9 に対し「茶」が 13 で、「茶」が「花」を上回る。

424） ただし、第 3 期においては、1973 年度が「花」 9 に対し「茶」11、1980 年度と 1981 年度が共に「花」12 に対し「茶」13 と、両者がほぼ拮抗している年度が 3 回ある。

425） 前掲注 261，p.341

426） 前掲注 57，p.132

427) 428） 前掲注 58，p.142

429）『朝日ジャーナル』（朝日新聞社，1962年6月10日号）p.51
430）前掲注61，p.16
431）前掲注415，p.132
432）廣田吉崇『近現代における茶の湯家元の研究』（慧文社，2012）pp.265-266
433）『中央公論』（中央公論新社，1953年6月号）p.259
434）前掲注433，p.252
435）総理府統計局『昭和51年社会生活基本調査報告　全国Ⅱ　行動者編』（日本統計協会，1978）pp.20-21
436）工藤（1993）は、「いけばなが女性のものだと決めつけられるようになるのは、近代の明治になってからのことではないか」と考察している（工藤昌伸「女性たちといけばな　近世から近代へ」前掲注108，p.94）。
437）前掲注53，p.233
438）前掲注41，p.14
439）前掲注415，p.133
440）文部大臣招待の「日本花道展」とコンクール制による「日本花道展」があった。前掲注57，p.51参照。
441）前掲注57，p.51
442）前掲注57，p.53
443）前掲注57，p.102
444）中川幸夫は、1990年代後半以降の美術番組やドキュメンタリー番組には出演している。
445）前掲注57，p.168
446）熊倉功夫『近代茶道史の研究』前掲注62，p.354
447）久田宗也「NHKテレビ『茶道講座』のまとめ」前掲注62，pp.11-21
448）『趣味のコーナー』は、『午後のひとときき』の一部を分離した放送枠だった（＊『NHK年鑑 '67』p.121参照）。
449）たとえば、「茶」の副題における「茶の湯」という語は、第1期には1回しか出現しないが、第2期には122回、第3期には372回、出現している。このことは、第1期における「茶」を主題とする講座の位置づけが、他の期とは異なっていることと関連していると考えられる。
450）総称としての「花」あるいは「茶」ではなく、花材としての「花」あるいは茶道具の形容としての「茶」が用いられている場合は、名辞ではなく、それぞれ花材あるいは茶道具の項に含めた。
451）前掲注305，p.14
452）日本放送協会総合放送文化研究所放送史編修室編『NHK年鑑 '70』（日本放送出版協会，1970）p.202

453）日本放送協会総合放送文化研究所放送史編修室編『NHK 年鑑 '72』（日本放送出版協会，1972）p.195

454）1971年は、脱税事件などの影響もあって、草月流が「マスコミの集中攻撃を受けた辛い年」（中田麗香「自己に酷しく、人に優しく」『飛翔　勅使河原霞追悼集　普及版』前掲注337，p.190）だったという記述もある。

455）三千家の合計占有率は第2期84.1%、第3期85.9%とほとんど変化していないものの、三千家と同じく京都に拠点を持つ藪内流が第2期の4.7%から第3期には11.9%に増加しているのは、制作局が関西に移ったことによって収録の利便性が増したことの現れとも考えられる。

456）前掲注57，p.68。ただし、「花」の側においても、「いけばな界の一部では、東京の安達潮花、大阪の堀口玉方などを代表とする保守的な花道家たちが、前衛的いけばなを『邪道』であるとして、『正調いけばな』を標榜し、反対運動を起こし」ていた（同書，p.62）。

457）前掲注453，p.197

458）前掲注395，p.34

459）NHK こんにちは奥さん担当　宇野英男「主婦と余暇」『NHK 婦人百科』（日本放送出版協会，1973年11月号）p.48

460）1972年度の編成を記した『NHK 年鑑 '73』以降の年鑑では、制作拠点に関する特記はなされていない。

461）勅使河原霞は1932年10月20日生まれ（前掲注152『日本人名大辞典』に拠る）、安達瞳子は1936年6月22日生まれ（同書に拠る）である。

462）安達瞳子は1970年代にクイズ番組「連想ゲーム」の回答者を務めた。

463）『週刊サンケイ』（扶桑社，1963年9月日号）p.28

464）沢木耕太郎「華麗なる独歩行　安達瞳子」『若き実力者たち　現代を疾走する12人』（文藝春秋，1973）p.110

465）前掲注463，p.31

466）藤岡英雄「講座番組の研究2　利用者のプロフィル（ママ）―利用者特性と利用規定要因の分析―」『文研月報』（日本放送出版協会，1974年5月号）p.25

467）前掲注55，p.67

468）戸村栄子，白石信子「今、人びとはテレビをどのように視聴・評価・期待しているか～『テレビ40年』調査から～」『放送研究と調査』（NHK 出版，1993年2月号）p. 4

469）井上宏「“編成の時代” と編成研究」日本放送協会総合放送文化研究所編『放送学研究　33　テレビ新時代―80年代テレビへの展望―』（日本放送出版協会，1981）p.125

470）前掲注469，p.123

471)　前掲注 468, p. 4

472)　白石信子，井田美恵子「浸透した『現代的なテレビの見方』平成 14 年 10 月『テレビ 50 年調査』から」『放送研究と調査』（日本放送出版協会，2003 年 5 月号）p.33

473)　NHK 放送文化研究所編『テレビ視聴の 50 年』（日本放送出版協会，2003）p.151

474)　前掲注 468, p. 5

475)　戸村栄子「データにみる 80 年代のテレビ視聴動向　その 1　テレビ視聴の変化」『放送研究と調査』前掲注 55, p.59 に掲載の図を元に作成（〈原資料〉「NHK 全国視聴率調査」各年 6 月）。

476)　「1984 年には、『ニュースコープ』（JNN・TBS）、『スーパータイム』（FNN・CX）が時間枠を大幅に拡大、装いも新たにスタートした。翌 85 年には、『ニュースステーション』（ANB）が夜 10 時台に 80 分番組として登場し、ニュース番組としてはこれまでにない人気を得た。」（上滝徹也「テレビニュースの多様化とその内実」日本放送協会放送文化調査研究所編『放送学研究　39』1989, p.173）

477)　前掲注 472, pp.26-55

478)　前掲注 27, p.190

479)　藤岡英雄「教養番組研究の視角（その 1）——先行研究のレビューをもとに」『放送研究と調査』（日本放送出版協会，1988 年 7 月号）p. 4

480)　藤岡英雄「講座番組利用者にみる学習の諸相——横浜調査のケース・スタディから」『放送研究と調査』（日本放送出版協会，1985 年 7 月号）p.43

481)　西野泰司「テレビ編成 40 年の軌跡」『放送研究と調査』1993 年 2 月号, p.20

482)　前掲注 469, p.123

483)　前掲注 55, p.67

484) 485)　前掲注 63, p.48

486)　白石信子，井田美恵子「浸透した『現代的なテレビの見方』平成 14 年 10 月『テレビ 50 年調査』から」前掲注 472, pp.26-35 参照。ここでいう「テレビに対する興味がある人」とは、「以前よりも興味をひかれることが多くなった」（17%）と「以前も今も同じように興味がある」（31%）を合わせたものである。また、ここで比較されている調査の対象については、1974 年が「全国 15 歳以上 3,600 人」、1982 年が「全国 16 歳以上 3,600 人」と記されている。

487)　その他の女性向け教養番組では、『女性手帳』が（テレビ発展期末の）1981 年度で終了し、『おはよう広場』が 1983 年度で終了した。

488)　前掲注 223, p.37

489)　1983 年度までは「書道」、1988 年度は「実用書道」。

490） 1984年度まで「短歌入門」および「俳句入門」。1985年度からは、独立した別の放送枠として編成された。
491） 各月ごとにその月の数を冠した副題が付せられるのは、テレビ発展期末の1980年度、1981年度から3年度連続してのことである。
492） ＊日本放送協会総合放送文化研究所放送史編修室編『NHK年鑑 '81』―『NHK年鑑 '90』
493） 語彙指標の計量による内容分析には、鈴木・景浦（2011）による「名詞の分布特徴量を用いた政治テキスト分析」（『行動計量学』第38巻第1号，日本行動計量学会，2011，pp.83-92）があり、国会演説に含まれる名詞を抽出して、それぞれの特徴を分析した結果、小泉純一郎の国会演説が「他の総理大臣に比べて多様な語彙を含み、また、特定語彙への偏りが小さい、すなわち、繰り返しが少ないことによって特徴づけられること」（p.89）を指摘している。
494） 山口明穂編『国文法講座 別巻 学校文法―古文解釈と文法』（明治書院，1988）pp.17-18
495） 前掲注394，p.48
496） 日本放送協会総合放送文化研究所放送史編修室編『NHK年鑑 '77』（日本放送出版協会，1977）p.121
497） 前掲注394，p.46
498） 前掲注395，p.34
499） 見田宗介，吉田潤「教養番組視聴の構造 視聴にみられる理念と行動のずれ」『放送文化』（日本放送出版協会，1967年4月号）p.11
500）501） 前掲注55，p.67
502）503） 前掲注472，p.34
504） 椎名光子「女性の意識はどう変わったか（1）―強まった地位と立場の主張―」『文研月報』（日本放送出版協会，1977年4月号）p.32
505） 斎藤由美子，戸村栄子，北城恵子「女性の生活とテレビ―“テレビ離れ”の背景を探る―」『放送研究と調査』（日本放送出版協会，1984年7月号）p. 9
506） 前掲注505，p.11
507） 今井孝司「いけばなにおける沈滞要因の考察（2）今日的問題の考証」『京都精華大学紀要』第18号（京都精華大学，2000）p.108
508） 前掲注507，p.117
509） 総務庁統計局編『平成3年社会生活基本調査報告 第4巻 全国 生活行動編 （その2）（趣味・娯楽，社会的活動，旅行・行楽）』（総務庁統計局，1993）pp.94-97。男女の行動者率の比は女性が男性の45倍ほどで5年前よりも女性の割合が大きくなっている。
510） ＊日本放送協会放送文化調査研究所放送情報調査部編『NHK年鑑 '91』―

『NHK 年鑑 '93』に拠る。

511）原文ママ。元号表記、平成 4 年度の意。

512）古田（1999）は、1990 年度の『イタリア語会話』について、「従来の番組では主役であった講師の役割を限定して、“教える”番組から“楽しく学ぶ”番組への路線転換を図った。」（古田尚輝「『技能講座』から『趣味講座』へ　～教育テレビ 40 年　生涯学習番組の変遷～」前掲注 394，p.56）と評している。『おしゃれ工房』でのタレント起用も、こうした路線の上に立つものとみなせるだろう。

513）2010 年度に『おしゃれ工房』が廃止されるまでの期間に、21 世紀において、「花」を主題とする講座が編成された年度は、2002 年度（1 本）、2003 年度（2 本）、2004 年度（2 本）、2008 年度（1 本）である。

514）ラジオ東京・朝日新聞社編『テレビ・ラジオ事典』（朝日新聞社，1959）p. 12

515）井原高忠「ミュージカル　主としてヴァラエティショウ」志賀信夫編『現代テレビ講座　第 3 巻ディレクター　プロデューサー篇』（ダヴィッド社，1960）p.243 および p.256

516）永六輔「ミュージカル、ヴァラエティの書き方」飯島正編『現代テレビ講座　第 1 巻テレビ台本篇』（ダヴィッド社，1960）p.123

517）増沢直「番組制作読本　バラエティ〈ラジオ〉この変化に富むもの」『放送文化』（日本放送出版協会，1962 年 7 月号）pp.40-41

518）増沢（1962）は、ラジオでは「ディスク・ジョッキー」もバラエティー番組の範疇としている。

519）古谷昭綱「バライァティ番組について」大山勝美編『テレビ表現の現場から　プロデューサー/ディレクター篇・編成篇』（二見書房，1981）pp.190-191

520）前掲注 517，p.40

521）並河亮『演劇・娯楽番組』（同文館，1956）p.97

522）前掲注 138『放送五十年史　資料編』p.512

523）井原高忠「ヴァラエティ・ミュージカルの演技」内村直也編『現代テレビ講座　第 2 巻テレビタレント篇』（ダヴィッド社，1960）pp.126-137

524）525）526）『新・婦人百科　おしゃれ工房』（日本放送出版協会，1993 年 4 月号）p.27

527）共に本放送のみ記載。

528）前掲注 79，p.57

529）前掲注 64，p.324

530）前掲注 108，p.105

531）前掲注 244，p.102

532）前掲注 57，p.77
533）前掲注 261，p.87
534）日本放送協会放送文化調査研究所放送情報調査部編『NHK 年鑑 '94』（日本放送出版協会，1995）p.214
535）岩永雅也『現代の生涯学習』（放送大学教育振興会，2012）p.237
536）木村義子，関根智江，行木麻衣「テレビ視聴とメディア利用の現在 ～『日本人とテレビ・2015』調査から～」『放送研究と調査』（NHK 出版，2015 年 8 月号）pp.18-47
537）NHK 放送文化研究所・世論調査部「『日本人とテレビ 2015』調査 結果の概要について」NHK 放送文化研究所，2015，p. 1 〈http://www.nhk.or.jp/bunken/summary/yoron/broadcast/pdf/20150707_1.pdf〉［2018 年 5 月 1 日閲覧］
538）539）前掲注 536，p.31
540）戸村栄子「データにみる 80 年代のテレビ視聴動向 その 3 ニューメディアとテレビ視聴」『放送研究と調査』（日本放送出版協会，1991 年 9 月号）p.50
541）前掲注 83，p.83
542）女性向けだけの分類項は設けられていない。
543）家庭メモ、料理献立は事項の一項目として記載あり。
544）「放送事項の解説 教養事項 講演講座」欄にも女性向け教養番組についての記載あり。
545）「ラヂオ体操附雑種目」の欄に「料理献立、家庭メモ、衛生メモ」の記載あり。
546）「家庭婦人向き講演及び料理、メモ」の欄に「産業メモ」の記載あり。
547）「講演・講座」とは別項目。
548）1939 年 8 月より、月 2 回放送。「正しい時局認識を与えている」との記述あり。
549）「教養」の枠から外れる。
550）『戦時家庭の時間』の午後枠での放送。
551）戦争中の放送全般については、前掲注 223『ラジオ年鑑 昭和二十二年版』に記述あり。
552）「社会放送」などと並ぶ独立枠。
553）上位分類は設けられていない。
554）「戦後脚光を浴びて登場した婦人問題の所在は、日本の課題であり、日本民主化のバロメーター」との記述あり。
555）「少年番組」は別項目。
556）下位分類項目に「少年番組」。
557）ラジオ・テレビ同時番組の略（以下同）。

558)　この年度より、記載順がそれまでの１．ラジオ２．テレビから１．テレビ２．ラジオに逆転。

559)　この年度より、ラジオ・テレビ同時番組はテレビ・ラジオ同時番組に呼称変更。略はＴ・Ｒ（以下同）。

560)　この年度は、１．テレビ２．Ｔ・Ｒの記載順で、ラジオは独立項が無い。

＊は参考文献参照

参考文献

放送史関連基礎資料

『番組確定表』日本放送協会，1925 年—
社團法人東京放送局編『ラヂオ講演集 第 1 輯—第 7 輯』日本ラヂオ協會［ほか］，1925 年—1926 年
社團法人日本放送協會關東支部編『ラヂオ講演集 第 8 輯—第 12 輯』日本ラヂオ協會，1927 年
越野宗太郎編『東京放送局沿革史』東京放送局沿革史編纂委員，1928 年
社團法人日本放送協會編『ラヂオ年鑑』誠文堂，1931 年—1940 年
——————『日本放送協會調査時報』日本放送協會，1931 年—1934 年
——————『最近の放送事業』日本放送出版協會，1932 年
社團法人日本放送協會『業務統計要覧』社團法人日本放送協會，1933 年—1950 年
相良忠道編『大阪放送局沿革史』社団法人日本放送協會関西支部，1934 年
社團法人日本放送協會編『放送』日本放送出版協會，1934 年—1941 年
——————『ラヂオ講演講座』日本放送出版協會，1937 年—1941 年
——————『日本放送協會史』日本放送出版協會，1939 年
——————『ラジオ年鑑』日本放送出版協會，1941 年—1948 年
——————『放送研究』日本放送出版協會，1941 年—1943 年
——————『国民生活時間調査　一般調査報告　小売業世帯編』日本放送協會，1943 年
——————『国民生活時間調査　一般調査報告　俸給生活者・工場労働者編』日本放送協會，1943 年
——————『国民生活時間調査　一般調査報告　俸給生活者・工場労働者女子家族編』日本放送協會，1943 年
——————『国民生活時間調査　一般調査報告　国民学校児童編』日本放送協會，1944 年
日本放送協会『放送文化』日本放送出版協会ほか，1946 年—1985 年
日本放送協会編『NHK ラジオ年鑑』日本放送出版協会，1949 年—1950 年
——————『NHK ラジオ年鑑』ラジオサービスセンター，1951 年—1952 年
日本放送協会放送文化研究所『文研月報』日本放送出版協会，1951 年—1983 年
日本放送協会編『NHK 年鑑』ラジオサービスセンター，1953 年—1954 年
日本放送協会放送文化研究所『婦人番組意向調査結果報告』日本放送協会放送文化

研究所，1954 年
日本放送協会編『NHK 年鑑』日本放送出版協会，1955 年—1966 年
日本放送協会放送文化調査研究所『放送学研究』日本放送出版協会，1961 年—2001 年
日本放送協会放送文化研究所編『国民生活時間調査』日本放送出版協会，1962 年
日本放送協会放送史編修室編『日本放送史』日本放送出版協会，1965 年，3 冊
日本放送協会放送世論調査所編『国民生活時間調査　昭和 40 年度』日本放送出版協会，1966 年
日本放送協会総合放送文化研究所放送史編修室編『NHK 年鑑』日本放送出版協会，1967 年—1979 年
日本放送協会放送文化調査研究所編『国民生活時間調査　昭和 45 年度』日本放送出版協会，1971 年
放送番組センター『「教養番組」制作者の意識調査』放送番組センター，1971 年
日本放送協会放送文化調査研究所編『国民生活時間調査　昭和 50 年度』日本放送出版協会，1976 年
総理府統計局『社会生活基本調査結果の概要 昭和 51 年』1977 年
――――――『昭和 51 年社会生活基本調査報告　全国Ⅱ　行動者編』財団法人日本統計協会，1978 年
日本放送協会編『放送五十年史』日本放送出版協会，1977 年，2 冊（資料編共）
日本放送協会総合放送文化研究所放送史編修部編『NHK 年鑑』日本放送出版協会，1980 年—1983 年
日本放送協会放送世論調査所編『国民生活時間調査　昭和 55 年度』日本放送出版協会，1981 年
日本放送協会総合放送文化研究所『放送研究と調査』日本放送出版協会，1983 年—1984 年
――――――――――――――『放送研究と調査』日本放送出版協会，1984 年—1990 年
日本放送協会放送文化調査研究所放送情報調査部編『NHK 年鑑』日本放送出版協会，1984 年—
日本放送出版協会編『新放送文化』日本放送出版協会，1986 年—1993 年
NHK 放送文化調査研究所放送情報調査部『GHQ 文書による占領期放送史年表（昭和 20 年 8 月 15 日—12 月 31 日）付　対日情報政策基本文書』NHK 放送文化調査研究所放送情報調査部，1987 年
総務庁統計局編『昭和 61 年社会生活基本調査報告　全国　生活行動編　その 2』財団法人日本統計協会，1988 年
NHK 放送文化調査研究所放送情報調査部『GHQ 文書による占領期放送史年表（昭

和21年1月1日―12月31日)』NHK放送文化調査研究所放送情報調査部，1989年
日本放送協会放送文化研究所『放送研究と調査』日本放送出版協会，1990年―
社団法人日本放送協会編『国民生活時間調査（昭和16年調査)』大空社，1990年［復刻版］
総務庁統計局編『平成3年社会生活基本調査報告　第4巻　全国　生活行動編（その2）(趣味・娯楽，社会的活動，旅行・行楽)』総務庁統計局，1993年

著者別文献目録

《著者邦名：50音順》

荒牧富美江1968「テレビ放送における婦人番組の変遷」『立正女子大学短期大学部研究紀要』第12号，立正女子大学短期大学部，pp.22-43
飯森彬彦1990a「占領下における女性対象番組の系譜・1『婦人の時間』の復活」『放送研究と調査』1990年11月号，日本放送出版協会，pp.2-19
―――1990b「占領下における女性対象番組の系譜・2　『婦人課』の誕生」『放送研究と調査』1990年12月号，日本放送出版協会，pp.2-19
石井研士2003「戦後のラジオでの宗教放送とテレビ放送への移行」『國學院大學紀要』第四十一巻，國學院大學，pp.101-118
石川研2005「生成期日本の地上波テレビ放送と輸入コンテンツ」『社会経済史学』2005年11月号，社会経済史学会pp.49-70
市川房枝1974『市川房枝自伝戦前編』新宿書房，623p.
市川昌1984「メディアと教育（その1）―戦前におけるラジオ講演番組の系譜―」『月刊社会教育』第28巻第6号，国土社，pp.56-64
稲垣恭子2007『女学校と女学生　教養・たしなみ・モダン文化』中央公論新社，246p.
井上宏1981「“編成の時代”と編成研究」日本放送協会放送文化調査研究所編『放送学研究33　テレビ新時代―80年代テレビへの展望―』日本放送出版協会，pp.123-151
井原高忠1960「ミュージカル　主としてヴァラエティショウ」志賀信夫編『現代テレビ講座　第3巻　ディレクター・プロデューサー篇』ダビッド社，pp.242-256
今井孝司1999「いけばなにおける沈滞要因の考察（1）いけばな史における考証」『京都精華大学紀要』第17号，京都精華大学，pp.115-132
―――2000a「いけばなにおける沈滞要因の考察（2）今日的問題の考証」『京都精華大学紀要』第18号，京都精華大学，pp.107-129

―――2000b「いけばなにおける沈滞要因の考察（3）活性化に向けての試案」『京都精華大学紀要』第19号，京都精華大学，pp.153-168
岩崎三郎 1974「講座番組の研究4 利用行動の継続・脱落を規定する要因 『フランス語入門』・『建築士』における事例研究」『文研月報』1974年9月号，日本放送出版協会，pp.20-37
岩永雅也 1999「多様化するメディアと教養」『教育学研究』第66巻第3号，日本教育学会，pp.295-305
―――2006『改訂版　生涯学習論　現代社会と生涯学習』放送大学教育振興会，242p.
―――2012『現代の生涯学習』放送大学教育振興会，256p.
上滝徹也 1989「テレビニュースの多様化とその内実」日本放送協会放送文化調査研究所編『放送学研究39』日本放送出版協会，pp.171-183
海野弘 2010『花に生きる　小原豊雲伝』平凡社，327p.
永六輔 1960「ミュージカル、ヴァラエティの書き方」飯島正編『現代テレビ講座第1巻　テレビ台本篇』ダビッド社，pp.120-137
江上フジ 1947「終戦後の『婦人の時間』」『放送文化』1947年4月号，日本放送出版協会，pp.14-15
―――1950「私の見たアメリカのパブリック・リレーション活動」『放送文化』1950年10月号，日本放送出版協会，pp.20-23
―――1951「婦人向番組について」(「教養放送の研究　―婦人番組篇―」)『放送文化』1951年1月号，日本放送出版協会，pp.4-5
―――1955「"婦人の時間"の十年」『婦人公論』1955年8月号，中央公論社，pp.164-165
―――1960「NHK婦人学級の目的」『放送文化』1960年1月号，日本放送出版協会，pp.6-9
―――1962「社会の歩みと婦人放送」『放送文化』1962年3月号，日本放送出版協会，pp.20-23
大井ミノブ 1976『いけばな辞典』東京堂出版，434p.
大串兎紀夫 1984a「講座番組はどのように利用されているか　横浜調査の結果から」『放送研究と調査』1984年8月号，日本放送出版協会，pp.40-53
―――1984b「放送で学ぶ人びと　～講座番組利用者のプロフィル(ママ)～」『放送研究と調査』1984年12月号，日本放送出版協会，pp.24-33
―――1991「講座番組はどのように利用されているか　その2　利用の実態　～『教育・教養番組利用状況調査』から～」『放送研究と調査』1991年12月号，日本放送出版協会，pp.48-57
大串兎紀夫，原由美子 1991「講座番組はどのように利用されているか　その1

利用の状況　～『教育・教養番組利用状況調査』から～」『放送研究と調査』1991年10月号，日本放送出版協会，pp.38-47
大澤豊子 1924a「記者生活から１　引込み勝ちであつた私の心持」『婦女新聞』1924年３月９日，pp.７-８
――――1924b「記者生活から２　―社会部記者として―」『婦女新聞』1924年３月23日，p.７
――――1926「秘された女の心　―独身生活者の手記―」『婦人公論』1926年新年特別号，中央公論社，pp.130-140
――――1927「独身者の私から世の若き婦人へ」『婦女界』1927年４月号，婦女界出版社，pp.96-99
――――1928「聞く人、語る人、働く人」『調査月報』第１巻第６号，社團法人日本放送協會，pp.36-37
――――1934a「愛宕山を下って　―婦人界に報告することども―」『婦人公論』1934年10月号，中央公論社，pp.138-143
――――1934b「趣味に活きる喜び」『生活と趣味』1934年12月号，生活と趣味之会，pp.74-76
大地宏子 2014「NHK ラジオ番組『幼児の時間』における音楽教育プログラムとその変遷―1935（昭和10）年から1952（昭和27）年を中心に―」『岐阜聖徳学園大学紀要　教育学部編』第53号，岐阜聖徳学園大学，pp.181-191
大山勝美編 1981『テレビ表現の現場から　プロデューサー／ディレクター篇・編成篇』二見書房，421p.
岡原都 2007『アメリカ占領期の民主化政策――ラジオ放送による日本女性再教育プログラム』明石書店，294p.
――――2009『戦後日本のメディアと社会教育―「婦人の時間」の放送から「NHK 婦人学級」の集団学習まで―』福村出版，317p.
春日由三，川崎弘二，反町正喜 1962「政治放送の歴史」『放送文化』1962年４月号，日本放送出版協会，pp.12-18
片岡俊夫 1990『増補改訂　放送概論　制度の背景をさぐる』日本放送出版協会，339p.
――――2001『新・放送概論　デジタル時代の制度をさぐる』日本放送出版協会，468p.
加藤春恵子 1974「教育・教養番組の視聴実態」『東京大学新聞研究所紀要』第22号，東京大学新聞研究所，pp.133-186
神山順一，藤岡英雄，岩崎三郎 1974「講座番組の研究１　〈講座番組はどれだけ利用されているか〉―横浜調査の結果から―」『文研月報』1974年１月号，日本放送出版協会，pp.１-24

河野光子 1995「戦前の婦人向け番組」『NHK 放送博物館だより』第 40 号，NHK 放送博物館，pp.14-15

金淵培，江原暉将，相沢輝昭 1992「形態素解析情報に基づく長い日本語ニュース文の分割」『情報処理学会第 44 回全国大会講演論文集（人工知能及び認知科学）』，pp.179-180

工藤昌伸 1993『日本いけばな文化史　三　近代いけばなの確立』同朋舎出版，197p.

────1994『日本いけばな文化史　四　前衛いけばなと戦後文化』同朋舎出版，197p.

────1995『日本いけばな文化史　五　いけばなと現代』同朋舎出版，197p.

久保田滋，瀬川健一郎 1971『日本花道史』光風社書店，183p.

熊倉功夫 1980『近代茶道史の研究』日本放送出版協会，414p.

────1990「芸事の流行」藝能史研究會編『日本芸能史　第七巻　近代・現代』法政大学出版局，pp, 221-238

────2009『茶の湯といけばなの歴史　日本の生活文化』左右社，227p.

桑田忠親 1967『茶道の歴史』東京堂出版，245p.

向後英紀 2005「GHQ の放送番組政策　──CI&E の『情報番組』と番組指導」『マス・コミュニケーション研究』第 66 号，日本マス・コミュニケーション学会，pp.20-36

児玉勝子 1981『婦人参政権運動小史』ドメス出版，312p.

小林洋子，川瀬和子 1958「婦人番組　高く楽しく豊かに（特集　教養番組の研究）」『放送文化』1958 年 10 月号，日本放送出版協会，pp. 8 -11

小林善帆 2007『「花」の成立と展開』和泉書院，392p.

斉藤賢治 1975「家庭婦人のテレビ視聴　―職業別比較を中心に―」『文研月報』1975 年 12 月号，日本放送出版協会，pp.10-15

斎藤由美子，戸村栄子，北城恵子 1984「女性の生活とテレビ　―“テレビ離れ”の背景を探る―」『放送研究と調査』1984 年 7 月号，日本放送出版協会，pp. 2 -17

佐藤英 2013「1925～1926 年にかけての JOAK におけるオペラ関連番組」『桜文論叢』第 85 号，日本大学法学部桜文論叢編集委員会，pp.135-157

────2015「『放送歌劇』の興隆と『ヴォーカル・フォア』の結成　1927 年の JOAK におけるオペラ放送」『桜文論叢』第 88 号，日本大学法学部桜文論叢編集委員会，pp.25-51

椎名光子 1977「女性の意識はどう変わったか（1）―強まった地位と立場の主張―」『文研月報』1977 年 4 月号，日本放送出版協会，pp.32-51

重森弘淹 1971「現代いけばなの諸問題」河北倫明編『図説　いけばな体系　第 4

巻　現代のいけばな』角川書店，pp.125-134
庄司寿完「戦後の『教養番組』その成立の点描」『放送文化』1965年7月号，日本放送出版協会，pp.52-55
白石信子，井田美恵子2003「浸透した『現代的なテレビの見方』 平成14年10月『テレビ50年調査』から」『放送研究と調査』2003年5月号，日本放送出版協会，pp.26-55
鈴木幹子2000「大正・昭和初期における女性文化としての稽古事」『近代日本文化論8　女の文化』岩波書店，pp.47-71
鈴木崇史，影浦峡2011「名詞の分布特徴量を用いた政治テキスト分析」『行動計量学』第38巻第1号，日本行動計量学会，pp.83-92
鈴木泰1971「家庭婦人のテレビ教育教養番組視聴」『文研月報』1971年10月号，日本放送出版協会，pp. 1 -19
進藤咲子1973「『教養』の語史」『言語生活』第265号（1973年10月号），筑摩書房，pp.66-74
草月出版編集部編著1981『創造の森 草月1927-1980』草月出版，350p.
田口典子1957「婦人と放送の関係　—『婦人番組のあり方』—」『放送文化』1957年3月号，日本放送出版協会，pp. 9 -12
竹山昭子1992「太平洋戦争下の放送　—国民はどう受け止めたか—」『学苑』第629号，昭和女子大学近代文化研究所，pp.72-82
————1994『戦争と放送　史料が語る戦時下情報操作とプロパガンダ』社会思想社，248p.
————2002「放送開始から10年、受け手のラジオ観」『メディア史研究』第13号，ゆまに書房，pp.37-53
————2013『太平洋戦争下　その時ラジオは』朝日新聞出版，273p.
田中秀隆2007『近代茶道の歴史社会学』思文閣出版，433p.
田村穣生1967「ラジオ聴取の変容とその将来」NHK総合放送文化研究所編『NHK放送文化研究年報』第12集，日本放送協会，pp.189-222
茶の湯文化学会編2013『講座日本茶の湯全史　第3巻　近代』思文閣出版，323p.
筒井清忠1995『日本型「教養」の運命 歴史社会学的考察』岩波書店，191p.
勅使河原葉満1989『女の自叙伝　花に魅せられ人に魅せられ』婦人画報社，211p.
戸村栄子1991a「データにみる80年代のテレビ視聴動向　その1　テレビ視聴の変化」『放送研究と調査』1991年6月号，日本放送出版協会，pp.58-67
————1991b「データにみる80年代のテレビ視聴動向　その2　視聴動向の特徴」『放送研究と調査』1991年8月号，日本放送出版協会，pp.48-59
————1991c「データにみる80年代のテレビ視聴動向　その3　ニューメディアとテレビ視聴」『放送研究と調査』1991年9月号，日本放送出版協会，

pp.44-51
戸村栄子，白石信子 1993「今、人びとはテレビをどのように視聴・評価・期待しているか～『テレビ 40 年』調査から～」『放送研究と調査』1993 年 2 月号，日本放送出版協会，pp. 4 -13
長廣比登志 2004「現代邦楽放送年表――NHK ラジオ番組『現代の日本音楽』放送記録（64.4～72.3）」京都市立芸術大学日本伝統音楽研究センター編『日本伝統音楽研究』第 1 号別冊改訂版，京都市立芸術大学日本伝統音楽研究センター，pp. 1 -192
並河亮 1956『演劇・娯楽番組』同文館，168p.
西野泰司 1993「テレビ編成 40 年の軌跡」『放送研究と調査』1993 年 2 月号，日本放送出版協会，pp.14-21
西山松之助 1982『家元制の展開　西山松之助著作集第二巻』吉川弘文館，555p.
日本放送協会放送文化研究所放送学研究室編 1964『放送研究入門』日本放送出版協会，245p.
野村和 2004「昭和初期のラジオが提供した『婦人』向け学習プログラム―1925-1933 年の番組分析から―」『日本社会教育学会紀要』第 40 号，日本社会教育学会 pp.51-59
―――2011「昭和初期におけるラジオ放送による大学開放講座」『UEJ ジャーナル』第 3 号全日本大学開発推進機構，pp.11-16
塙融 1991「占領初期における CIE の『番組指導』　思想の自由キャンペインを中心に」『放送研究と調査』1991 年 2 月号，日本放送出版協会，pp.26-35
早坂暁 1989『華日記　昭和生け花戦国史』新潮社，350p.
原由美子 1992「講座番組はどのように利用されているか　その 3　利用者のプロフィル（ママ）　～『教育・教養番組利用状況調査』から～」『放送研究と調査』1992 年 2 月号，日本放送出版協会，pp.50-57
―――1996「放送を利用して学ぶ　～教養系番組・生活関連番組・講座番組はどのように見られているか～」『放送研究と調査』1996 年 7 月号，日本放送出版協会，pp. 2 -19
久田宗也 1967「NHK テレビ『茶道講座』のまとめ」『茶道雑誌』1967 年 3 月号，河原書店，pp.11-21
日高六郎編 1970『戦後資料　マスコミ』日本評論社，505p.
平塚らいてう 1973『元始、女性は太陽であった　――平塚らいてう自伝（完結篇）』大月書店，306p.
廣田吉崇 2012『近現代における茶の湯家元の研究』慧文社，412p.
藤岡英雄 1974a「講座番組の研究 2　利用者のプロフィル（ママ）　―利用者特性と利用規定要因の分析―」『文研月報』1974 年 5 月号，日本放送出版協会，pp. 9

-29
――――1974b「講座番組の研究3　学習手段の関連構造　―成人学習手段の相互関連と講座番組の位置―」『文研月報』1974年7月号，日本放送出版協会，pp.24-34
――――1975「講座番組の研究5 講座番組利用の諸類型　―利用者の類型化と番組機能の分析―」『文研月報』1975年6月号，日本放送出版協会，pp.18-43
――――1985「講座番組利用者にみる学習の諸相　――横浜調査のケース・スタディから」『放送研究と調査』1985年7月号，日本放送出版協会，pp.40-47
――――1988「教養番組研究の視角（その1）　――先行研究のレビューをもとに」『放送研究と調査』1988年7月号，日本放送出版協会，pp.2-23
古田尚輝 1999「『技能講座』から『趣味講座』へ　～教育テレビ40年　生涯学習番組の変遷～」『放送研究と調査』1999年11月号，日本放送出版協会，pp.40-71
――――2006「テレビジョン放送における『映画』の変遷」『成城文藝』第196号，成城大学，pp.266(1)-213(54)
堀明子 1963「ラジオ嗜好とテレビ嗜好」『NHK放送文化研究所年報』第8集，日本放送協会，pp.59-80
増沢直 1962「番組制作読本　バラエティ〈ラジオ〉この変化に富むもの」『放送文化』1962年7月号，日本放送出版協会，pp.40-43
松下圭一 1986『社会教育の終焉』筑摩書房，244p.
三上真，増山繁，中川聖一 1999「ニュース番組における字幕生成のための文内短縮による要約」『自然言語処理』第6巻第6号，言語処理学会，pp.65-81
見田宗介，吉田潤 1967「教養番組視聴の構造　視聴にみられる理念と行動のずれ」『放送文化』1967年4月号，日本放送出版協会，pp.6-11
宮田章 2015「許可された自立　～占領期インフォメーション番組におけるメッセージの変容～」『放送研究と調査』2015年4月号，日本放送出版協会，pp.80-101
翠川秋子 1930「職業戦線受難二つ（女性受難十二景）」『婦人画報』昭和5年12月号，婦人画報社，pp136-140
村井康彦 1990『花と茶の世界――伝統文化史論』三一書房，323p.
村上聖一 2011「番組調和原則　法改正で問い直される機能　～制度化の理念と運用の実態～」『放送研究と調査』2011年2月号，日本放送出版協会，pp.2-15
柳澤恭雄 1995『検閲放送　戦時ジャーナリズム私史』けやき出版，171p.

吉田潤 1963「ラジオのきかれ方とテレビのみられ方　―37 年 7 月の聴視率調査の結果を中心に―」『文研月報』1963 年 3 ・ 4 月号，日本放送出版協会，pp. 9 -25

吉田裕監修，竹山昭子解説 1992a『放送関係雑誌目次総覧　1　調査時報、調査月報、放送、放送研究、放送人、放送調査資料』大空社，頁付け無

――――1992b『放送関係雑誌目次総覧　2　ラジオ講演・講座、放送、放送ニュース解説、国策放送、学校放送研究』大空社，頁付け無

米倉律 2013「初期“テレビ論”を再読する　【第 1 回】ジャーナリズム論　～ラジオジャーナリズムからテレビジャーナリズムへ～」『放送研究と調査』2013 年 8 月号，日本放送出版協会，pp. 2 -17

《原著者原語名：アルファベット順》

パトリック・バーワイズ，アンドルー・エーレンバーグ（Barwise, Patrick & Ehrenberg, A. S. C.）［著］/田中義久，伊藤守，小林直毅訳 1991『テレビ視聴の構造　多メディア時代の「受け手」像』法政大学出版局，330p.

ジョン・フィスク（Fiske, John）［著］伊藤守ほか訳 1996『テレビジョンカルチャー　ポピュラー文化の政治学』梓出版社，513p.

ポール・ラングラン（Lengrand, Paul）［著］波多野完治訳 1979『生涯教育入門　第二部』日本社会教育連合会，123p.

――――1980『生涯教育入門　改訂版』日本社会教育連合会，110p.

マイケル・G. ムーア，グレッグ・カースリー（Moore, Michael G. & Kearsley, Greg）［著］高橋悟編訳 2004『遠隔教育 生涯学習社会への挑戦』海文堂出版，336p.

索　引

放送メディアの特性

放送用語

放送枠（番組）名

人物

華道流派

「花」を主題とする講座の特性

その他

おわりに

本書は、筑波大学に提出した博士論文を改稿したものである。論文では割愛した情報を追記し、昭和期放送メディアの特性を、より詳細に伝えるものとした。女性向けの教養番組と「花」を主題とする講座については、その後の調査によって判明した事項や修正を加えているが、立論の骨格は変わっていない。本書の書名を考案すると共に多くの示唆をいただいた綿抜豊昭先生および編集の労をとってくださった和泉出版の廣橋研三編集長には、厚く御礼を申し上げる。また、本書は、日本の放送に関するさまざまな先行研究にも示唆を得た。参考にさせていただいた多くの研究者の方々にも、改めて深い謝意を表したい。資料の記述にあたっては可能な限り正確を期したが、思わぬ不備については大方の叱正を乞う次第である。

本書での研究の調査対象資料とした『番組確定表』は、過去の出来事のタイムテーブルでもあり、そこに記された放送の痕跡をたどることによって、その日その時、何が世の中の話題となっていたのかが鮮明に蘇ってくる。本書の研究での調査の過程でも、これまでほとんど闇に埋もれていた、テレビでの「花」を主題とする講座が、勅使河原霞や安達瞳子など天才的な華道家の姿と共に、眼前に立ち現れるかのような感覚にとらわれることがあった。

1926年に大澤豊子が愛宕山に登ってから90年あまりの時が過ぎた。山の頂きには今、放送博物館が建っている。放送局へ向かうために舗装された自動車道は現在も残っているが、山の側面にはエレベーターが穿たれ、労せずして頂上へ至ることができる。エレベーターはガラス張りで、上昇するにつれ、周囲の景観が徐々に眼下に展開する。愛宕山のある一帯には高層ビルが林立し、行き交う人びとはスマートフォンの画面をタップしつつ闊歩している。昭和は既に遠く、山は周囲の景観に埋もれ、大澤ら放送の先人となった女性たちの仕事も歴史上のものとなっているが、放送の実務に携わった多くの先達の事績が消えることは無い。本書がわずかでもその事績に光を当てたものとなれば幸いである。

■ 著者紹介

辻　泰明

筑波大学教授。博士（情報学）。
東京大学文学部フランス語フランス文学科卒。
日本放送協会入局後、ドラマ部、ナイトジャーナル部、スペシャル番組部、教養番組部などで番組制作に従事。その後、編成局にて視聴者層拡大プロジェクトおよびモバイルコンテンツ開発、オンデマンド業務室にてインターネット配信業務を担当。

著書『映像メディア論　─映画からテレビへ、そしてインターネットへ』（和泉書院2016）ほか。

主な担当番組
・ディレクターとして
NHKスペシャル「パールハーバー・日米の運命を決めた日」
同「映像の世紀」
同「街道をゆく」
ドキュメンタリー・ドラマ「宮沢賢治・銀河の旅びと」など。
・プロデューサーとして
定時番組「その時歴史が動いた」の企画開発
NHKスペシャル「信長の夢・安土城発掘」
同「幻の大戦果・大本営発表の真実」など。

昭和期放送メディア論　女性向け教養番組における「花」の系譜

2018年9月15日　初版第1刷発行

著　者　辻　泰明
発行者　廣橋研三
発行所　有限会社 和泉書院
〒543-0037　大阪市天王寺区上之宮町7-6
電話　06-6771-1467
振替　00970-8-15043
印刷／製本　亜細亜印刷
装訂　上野かおる

ISBN978-4-7576-0885-6 C1036